全国高等职业教育规划教材

计算机实用工具软件

第 3 版

刘瑞新　主编

机械工业出版社

本教材从实用出发，从众多的工具软件中精选出最常用、最实用和最具代表性的工具软件来讲解，教材内容包括工具软件的概述、安全工具软件、文件处理工具软件、磁盘工具软件、系统优化与维护工具软件、光盘工具软件、图文处理工具软件、网络工具软件、娱乐视听工具软件、数字音频处理工具软件。对每一类工具软件均详细介绍了目前最流行的安装、设置及使用方法与技巧。本教材涉及的软件均采用目前最新的版本，覆盖面宽，知识含量大，是学习、使用、提高计算机操作技术的绝好帮手。

　　本教材可作为高职高专计算机专业和各种计算机技能培训相应课程的教材，也适合迫切需要提高自己计算机应用技能的广大计算机爱好者。

图书在版编目（CIP）数据

计算机实用工具软件/刘瑞新主编 . —3 版 .—北京：机械工业出版社，2007.3（2008.9重印）

（全国高等职业教育规划教材）

ISBN 978 - 7 - 111 - 11328 - 7

Ⅰ. 计 ... 　Ⅱ. 刘 ... 　Ⅲ. 软件工具－高等学校：技术学校－教材

Ⅳ. TP311.56

中国版本图书馆 CIP 数据核字（2007）第 005198 号

机械工业出版社（北京市百万庄大街22号　邮政编码　100037）

策　　划：胡毓坚

责任编辑：张　化

责任印制：李　妍

保定市中画美凯印刷有限公司印刷

2008年9月第3版·第3次印刷

184mm×260mm ·15.5印张·378 千字

35001–38000 册

标准书号：ISBN 978 - 7 - 111 - 11328 - 7

定价：22.00 元

全国高等职业教育规划教材计算机专业
编委会成员名单

出 版 说 明

　　根据《教育部关于以就业为导向深化高等职业教育改革的若干意见》中提出的高等职业院校必须把培养学生动手能力、实践能力和可持续发展能力放在突出的地位，促进学生技能的培养，以及教材内容要紧密结合生产实际，并注意及时跟踪先进技术的发展等指导精神，机械工业出版社组织全国近 60 所高等职业院校的骨干教师对在 2001 年出版的"面向 21 世纪高职高专系列教材"进行了全面的修订和增补，并更名为"全国高等职业教育规划教材"。

　　本系列教材是由高职高专计算机专业、电子技术专业和机电专业教材编委会分别会同各高职高专院校的一线骨干教师，针对相关专业的课程设置，融合教学中的实践经验，同时吸收高等职业教育改革的成果而编写完成的，具有"定位准确、注重能力、内容创新、结构合理和叙述通俗"的编写特色。在几年的教学实践中，本系列教材获得了较高的评价，并有多个品种被评为普通高等教育"十一五"国家级规划教材。在修订和增补过程中，除了保持原有特色外，针对课程的不同性质采取了不同的优化措施。其中，核心基础课的教材在保持扎实的理论基础的同时，增加实训和习题；实践性较强的课程强调理论与实训紧密结合；涉及实用技术的课程则在教材中引入了最新的知识、技术、工艺和方法。同时，根据实际教学的需要对部分课程进行了整合。

　　归纳起来，本系列教材具有以下特点：

　　(1) 围绕培养学生的职业技能这条主线来设计教材的结构、内容和形式。

　　(2) 合理安排基础知识和实践知识的比例。基础知识以"必需、够用"为度，强调专业技术应用能力的训练，适当增加实训环节。

　　(3) 符合高职学生的学习特点和认知规律。对基本理论和方法的论述容易理解、清晰简洁，多用图表来表达信息；增加相关技术在生产中的应用实例，引导学生主动学习。

　　(4) 教材内容紧随技术和经济的发展而更新，及时将新知识、新技术、新工艺和新案例等引入教材。同时注重吸收最新的教学理念，并积极支持新专业的教材建设。

　　(5) 注重立体化教材建设。通过主教材、电子教案、配套素材光盘、实训指导和习题及解答等教学资源的有机结合，提高教学服务水平，为高素质技能型人才的培养创造良好的条件。

　　由于我国高等职业教育改革和发展的速度很快，加之我们的水平和经验有限，因此在教材的编写和出版过程中难免出现问题和错误。我们恳请使用这套教材的师生及时向我们反馈质量信息，以利于我们今后不断提高教材的出版质量，为广大师生提供更多、更适用的教材。

机械工业出版社

前　言

本教材是《计算机实用工具软件》的第3版,由于第1版、第2版中介绍的内容丰富且实用,受到广大读者的欢迎。因为工具软件的更新较快,为此我们编写了该书的第3版,第3版在继承前两版特色的基础上,介绍了最新、最实用、最具代表性的工具软件,内容更加丰富、实用。

所谓"工具软件",顾名思义,就是专门应用于某种计算机技术的辅助软件。使用工具软件可以使用户避开繁琐、深奥的计算机理论知识,以简便、易学、易用的方式处理各种问题,提高工作效率。计算机常用工具软件种类繁多,纷繁复杂,如果没有目的的盲目学习,既费时又费事,而且效率还很低下。如何使读者在最短的时间内学到最有用、最丰富的计算机知识,全面发挥计算机的作用,正是本书作者撰写此丛书的目的。我们根据多年来从事计算机专业教学的实践经验以及对软件发展方向的洞悉能力,从目前计算机应用最热门的几个方面,向读者介绍了最流行的实用软件的功能、用法及经验。全书共分为10章,其主要内容包括:第1章工具软件概述,第2章安全工具软件,第3章文件处理工具软件,第4章磁盘工具软件,第5章系统优化与维护工具软件,第6章光盘工具软件,第7章图文处理工具软件,第8章网络工具软件,第9章娱乐视听工具软件,第10章数字音频处理工具软件。每一章均介绍了当今最新、最流行、最具代表性的软件,这些软件在网络上几乎都提供免费(试用)下载,为读者操作练习提供了很好的条件。

本教材充分考虑了广大高校计算机专业学生在使用计算机时的实际需求,精选了各类软件中最常用、最好用、功能最强大的代表之作。本教材在内容和形式上都有着其他软件类书籍无法比拟的优势:选材涉及面广,语言简洁明了,内容翔实具体,原理与技能相结合,是一本实用性极强的工具软件类书籍。

本教材的编写注意突出实用,使读者看得懂、找得到、学得会、用得着。通过本书的学习能使读者的计算机使用能力有一个明显的提高。

本书由刘瑞新主编,编写作者有吴丰、陈嘉、李方才、黄曰祥、姜锐、许镭、郭晓燕、李艳静、苏锡锋、徐鹏、魏新军、刘许亮、曾赟、马海洲、郭红山、王勇、杨桦、褚杰辉。由于书中介绍的工具软件均为最新版,错误之处,恳请读者指正。

为了配合本书的教学,机械工业出版社为读者提供了电子教案,读者可在 www.cmpedu.com 上下载。

编　者

目　录

第1章 工具软件概述

随着电子信息技术、通信和信息处理技术的飞速发展,软件业已经成为现代信息化社会中的一项重要基础产业,特别是随着计算机互联网突飞猛进的扩展,信息共享应用也日益广泛和深入起来。

在金融、媒体、交通和通信等重点行业,软件的应用可谓是无所不在。可以说,软件的应用已经涉及各行各业,因而这些行业的正常运作依赖于软件的可靠程度,随着这种依赖性的日益增长,软件的可信度越来越受到重视。应用软件的出错从大的方面来说可能危害国家安全,造成人民财产无法挽回;从小的方面来说还可能损坏用户宝贵的数据资料,所以确保软件系统的正确性与可靠性就显得额外重要。

另一方面,对于普通的计算机用户来说,简单的文件处理和浏览网页等基本操作已经不能满足日常的需要,用户总希望能够自己动手对计算机进行设置,能够亲自对计算机系统进行维护优化,并且能够分析、排除常见的故障,以及能够熟练操作各种辅助设备等。因此,工具软件的出现为我们解决了实际问题,它避开复杂、深奥的计算机理论知识,以友好的界面简便的操作方式处理各种问题,充分提高工作效率。

1.1 软件的基本知识

为了让计算机完成各种各样的任务,人们设计出许多应用程序。从广义上讲,软件就是程序和程序运行时所需要的数据,以及与程序有关的文档资料等的集合。也可以理解为软件是由人们事先编制好的具有各类特殊功能的信息组成的,看不见摸不着的,被存储在各类媒体中的,通常被作为计算机的内存或辅助存储器的内容。

软件性能的发展,可以更充分地发挥计算机硬件的功能,提高计算机的工作效率;同时,软件性能的发挥也必须依靠硬件的支撑。计算机性能的好坏,取决于软件和硬件功能的总和。

通常,可将软件分为系统软件和应用软件两大类,如图1-1所示。

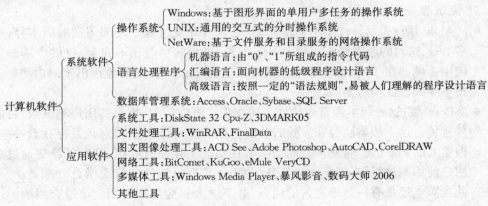

图1-1 软件的分类

1.1.1 软件的分类

1. 系统软件

系统软件是指控制和协调计算机及外部设备，支持应用软件开发和运行的系统，是无需用户干预的各种程序的集合，其主要功能是调度、监控和维护计算机系统。

系统软件的功能是负责管理计算机系统中各种独立的硬件，使得它们可以协调工作。系统软件使得计算机使用者和其他软件将计算机当作一个整体而不需要顾及到底层每个硬件是如何工作的。

系统软件主要包括操作系统、各种程序设计语言及其解释和编译系统、数据库管理系统和一系列基本的工具，如编译器、数据库管理、存储器格式化、文件系统管理、用户身份验证、驱动管理、网络连接等方面的工具。

2. 应用软件

应用软件是指计算机用户利用计算机及其提供的系统软件，为解决某一专门的应用问题而编制的计算机程序。目前，计算机的应用已经渗透到各个领域，所以应用软件也是种类繁多的。例如国家助学贷款管理程序、文字与表格处理程序、辅助教学、科学计算等，都是为了处理某个专门性的问题而设计的，日常所说的程序大部分属于应用软件。

1.1.2 软件的版本

在长期的软件开发过程中，人们提出对软件版本进行管理控制的要求。这样，软件的版本就孕育而生，在软件开发过程中版本的应用也为维护软件项目提供了便利。而对于用户来说，版本的不同就直接体现在版本号的命名上。在软件的使用过程中，从软件的"关于"窗口中，常会看见一些由英文和数字组成的后缀，那这就是软件的版本标志。例如 Microsoft Word 2002（10.2627.2625）、傲游浏览器 Maxton 1.5.6（build 42）Unicode、Windows 优化大师 v7.5 Build6.818 等，另外从网上下载的软件常常标有 Beta 版、Demo 版等版本信息，那么这些版本具体有什么含义呢？

版本号（version number）就是版本的标识号。广义上讲，每个软件都有其版本号，版本号能为用户提供版本信息，从版本号中可以看出版本的新旧以及所提供的功能与设置。了解这些版本的知识，可以使用户在下载时对软件的类型有个大致的了解。

1. 测试版

- α（Alpha）版：表示软件刚刚初步完成，是软件开发过程中内部测试的版本号，里面有很多 Bug，这时的版本和正式版有一定距离，里面的功能还不完全，仅供内部开发人员交流用。例如在 Vista 操作系统正式推出之前，longhorn 就是流传出来的内测版。建议用户不要安装此类版本。

- β（Beta）版：这一版本通常由软件公司在正式版发行前，推出的用户测试版，目的就是对外宣传。这类版本已经在 α 版的基础上有了较大的改进，虽然还是存在着一些小毛病，但重大的 bug 已经修复了。此类版本在功能上往往有瑕疵，开发者希望通过大规模的用户使用测试版，来搜集一些信息，为下一步有针对性的修改做充分准备。一般来说，此类版本还是有一些不完善的地方，并不适合一般用户使用。不过有兴趣的用户可以直接到相关网站上免费下载。

- γ版:该版本技术已经相当成熟了,没有重大错误,与即将发行的正式版相差无几,不过对这类版本通常不这样称呼。

2．演示版

- Trial(试用版):商家为了产品的宣传而推出的版本。例如某款游戏开发出来,为了占有市场,开发商首先投放试用版来吸引消费者。通常,此类版本的软件由于都有时间或使用次数上的限制,对于过期之后的用户来说,需要交纳一定的费用或者购买正版软件才能继续使用。此外,对于试用版来说其功能有时还做了一定的限制。
- Unregistered(未注册版):与试用版没有什么区别,虽然在使用时间上没有限制,但对于正式版软件来说功能有所删减。例如 Windows 优化大师注册版和未注册版,两者之间在提供自动优化方案方面就有区别。还有些未注册版的软件虽然功能上没有限制,但是在使用过程中软件经常会自动提示用户进行注册。
- Demo 版:就是所说的演示版,主要是为了扩大正式版的销售面所推出的版本。在 Demo 版中用户可以通过正式软件中部分功能的演示,了解到软件的基本操作。通常,这种版本不提供升级注册功能,此版本可以从互联网上免费下载。

3．正式版

- Release:最终释放的意思,当通过一系列测试版之后,软件开发者最终会向市场投放这种版本,有时也称这种版本为标准版。对于普通用户来说,Release 版是最好的选择。值得一提的是 Release 通常不会以单词形式出现在软件封面上,取而代之的是符号(r)。
- Registered:即为注册版的意思,是和 Unregistered(未注册版)相对的版本。功能上与正式版没有区别。
- Standard:即标准版的意思,无论什么软件,都存在一个标准的问题。在此类版本中软件包含了最为常用的功能和组件,销售的对象是没有特殊要求的一般用户,相对于企业版来说没有开发其他软件的功能。
- Deluxe:即豪华版的意思。从字面上理解就可看出,相对于标准版来说,此类版本额外功能较多,通常附带一些没有太大实际价值的组件,但 Deluxe 版的价格却要比标准版多许多,建议一般用户不要购买此类版本的软件。
- Professional:即专业版的意思。此类版本中的许多内容和功能是标准版中所没有的,而这些功能可能是用户所必须的。例如,所有版本的 Windows XP,包括家庭版,都支持远程帮助,但只有专业版支持远程桌面功能;另外,Windows XP 专业版可以支持两个CPU,而家庭版只能支持一个。
- Enterprise:即企业版的意思。在开发类软件中企业版是最高版本,用此类版本的软件可以开发出任何级别的应用软件。例如,著名的 Visual C++ 的企业版相对于专业版包括了几个附加的特性(如 SQL 调试、扩展的存储过程向导等)。而这一版本的价格也是普通用户难以接受的。

4．其他版本

- Update:即升级版的意思。此类版本是不能脱离原有正式版的,假如 Update 版的软件在安装过程中搜索不到原来的版本,则会拒绝安装。
- OEM:在硬件中常出现这个版本。计算机厂商和有些软件公司存在着某种利益合作关系,通常把自己的产品打上对方的商标和其他商品捆绑销售,自己仅仅保留著作权,这样双方就互惠互利,那些捆绑销售的附带软件就是 OEM 版。

● 共享版:有时也称为普通版。最大的特点是价格便宜,有些甚至免费使用。此类版本与试用版不同,该版本的软件没有时间上的限制,不过功能上可能稍微有些改变,其存在的目的就是占有市场份额,打击盗版软件的影响。

1.1.3　软件的产权保护

从 1969 年 IBM 公司首次将计算机软件和硬件分开出售以来,软件交易就从硬件交易中分离出来,软件产业也得到了迅速的发展。这给人们的工作、生活带来了深远的影响,计算机软件的价值也受到了人们更多的重视,因为软件常常会带来巨大的经济效益和社会效益。对于如何充分利用法律武器保护计算机软件的知识产权,一直是人们关注和研究的热门话题。

在未采用著作权法保护计算机软件以前,世界各国均将计算机软件作为商业秘密来进行保护。但是只有美国等个别国家进行了专门的商业秘密立法,多数国家有关商业秘密法的内容都分别规定在其他法律当中。此后,由于美国的坚持,现在多数国家已经将软件纳入著作权法保护的范围,但是由于著作权法只保护软件的表达,软件权利人期待能够更有效的保护软件思想的法律出现。

许多国家都十分重视软件保护立法,一些国际组织也制定了示范条例。由于软件的特殊性质,使得各国对软件的法律保护形式也具有多样性。大多数国家一开始都认为计算机软件是一种思想方法,因此根据各国的专利法,无法成为专利法保护的客体。但随着时间的推移,人们认识到当计算机软件同硬件设备结合为一个整体,能够实现一定的功能时,许多国家的专利法最终承认计算机软件作为软件与硬件设备结合的整体中的一部分可得到专利法的保护。随着计算机软件商品色彩的日益浓重,从商标法角度保护软件,逐渐成为保护软件的又一重要途径。

目前,著作权法是目前世界各国针对计算机软件采用的最普遍的法律保护模式。著作权法主要针对计算机软件的"作品性"进行保护,并不保护软件的思想以及其"功能性"。专利法是继著作权法之后日益受到重视的一种软件保护方式。专利法赋予具备"三性"条件的同硬件结合的计算机软件专利权。而商标法从商业标记和商业信誉等角度出发,为软件提供一定的保护。商业秘密法则是人们最早用来保护计算机软件的法律手段,至今仍作为上述法律的重要补充来实现对计算机软件的保护。

上述法律分别从不同的角度力图为软件提供有效的法律保护,而世界范围内对计算机软件的法律保护已经形成了著作权法、专利法、商标法以及商业秘密法等多部知识产权法综合保护的局面。从表面上看,对计算机软件的保护不可谓不完善,但是其本身对于软件保护来讲都存在着缺陷,即使相互协调也不能弥补现有保护领域中存在的一些空白地带,加上实践中各种各样的因素,无法向计算机软件提供全方位的更有效的保护。

1.2　工具软件的操作

1.2.1　软件的获取途径

1. 购买正版软件

我国人口众多,软件市场非常庞大,消费者只有购买正版软件,其权益才能得到保障。当购买品牌电脑时,商家会提供预装软件产品的服务,假如供应商提供的是未经授权的非法预装软件或者盗版软件,用户的权益不但得不到任何保障,而且还有可能承担侵权责任。

对软件知识产权的有力保护,不仅对软件开发人员的劳动给予了充分的肯定,同时也为本地的软件开发商提供了强有力的政策支持;不仅能够使软件业的利益得到保障,而且有利于软件业蓬勃正确的发展。

2. 互联网

Internet 是信息的集合体,将以往相互独立的,散落在各个地方的单独的计算机或是相对独立的计算机局域网,借助已经发展得有相当规模的电信网络,通过一定的通信协议而实现更高层次的互联。在这其中要想找到需要的软件当然就要借助于网络服务提供商为用户提供的检索站点了。

对于初次上网的用户来说,要在互联网上很快找到所需的软件,可能有种摸不着头脑的感觉,这里列出了最为常用的搜索引擎网站供大家参考:

● 太平洋电脑网

太平洋电脑网的网址是:http://www.pconline.com.cn,是国内首家以专业电脑市场联盟为基础的大型 IT 资讯网站,自创建以来一直致力于为国内 IT 企业与终端用户提供全面、权威、专业的 IT 资讯服务。目前是世界网站 100 强。

● 中关村在线

中关村在线的网址是:http://www.zol.com.cn/,是大中华区最具商业价值的 IT 专业网站,始终致力于销售促进型 IT 专业媒体的建设。其客户群主要来自中小企业用户、个人购买者和大量 IT 行业及相关行业的厂商、经销商。

● 百度

百度的网址是:http://www.baidu.com,是全球最大的中文搜索引擎,最优秀的中文信息检索与传递技术供应商。百度每天响应来自 138 个国家超过数亿次的搜索请求。用户可以通过百度主页,在瞬间找到相关的搜索结果。

● 天极网

天极网的网址是:http://www.yesky.com,天极网面向广大的 IT 消费者,专注于 IT 产品、应用和商情报价等内容和社区,引领计算机、数码、通信等产品的消费时尚。天极网的软件频道每天更新数百个软件,现已成为中国影响力最大的分类搜索站点之一。

1.2.2 软件的安装

现在的软件做得都比较人性化,在下载的安装文件中通常带有 Setup.exe 或 Install.exe 这样的应用程序。需要安装的时候,直接双击此安装程序即可,随后将弹出来一系列对话框,按照安装向导的提示,选择相应的设置,单击"下一步"或"继续"按钮直至安装完成。在安装结束后一般情况下软件会自动在桌面上添加快捷方式"图标",需要启动的时候直接双击图标即可,当然在开始菜单中的程序组里也可以找到刚刚安装的软件。通常在默认情况下安装的路径为"C:\ProgramFiles\软件名称",如果此路径不存在,软件则自动创建此文件夹。

以上所说的就是软件安装的一般步骤。通常情况下,有些软件在安装的过程中,经常会提示用户选择自己所需的安装方式,目的就是可根据自己的需求安装特种功能,还可以避免安装一些绑定的垃圾软件。

最常见的安装方式有最小安装、典型安装、升级安装、全新安装、完全安装、自定义安装这六种，如图 1-2 所示。

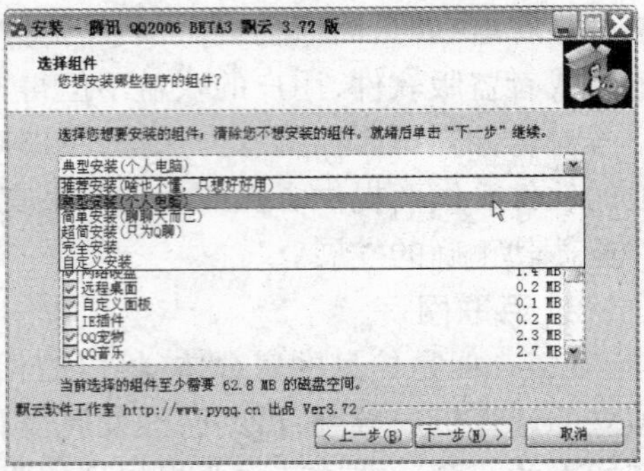

1. 最小安装

从字面上理解，此种类型的安装方式在安装时只安装需要运行此软件所必需的核心内容以及相应的组件，对于那些辅助功能就不予安装。这样的安装方式可满足那些磁盘空间较小的计算机用户，有时也称此类安装为"压缩安装"。

2. 典型安装

在此种安装模式下，软件安装内容选项全部是

图 1-2　选择安装方式

自动的，无须用户在安装过程中手动进行任何选择和设置，这也是最为省心的安装模式。其中所安装的功能也是软件运行时最为常用的功能，对于没有特殊要求的一般用户，典型安装是不会对额外的附加功能进行安装的。

3. 升级安装

在安装过程中，首先检查原有的某些版本较早的原版软件，然后对原版软件进行增加新功能的操作或直接更新较早版本中有缺陷的功能，最后还将保持用户对原有软件的个性化设置。

4. 全新安装

全新安装就是摒弃原有的软件重新安装，它与升级安装是相对应的关系。在全新安装时，有的软件会覆盖较早的版本，并不对原有软件的个性化设置进行保存；有的软件不会破坏早期的版本，例如 Windows 2000 系统中全新安装 Windows XP，就会实现 Windows 2000 和 Windows XP 的双启动。

5. 完全安装

此种类型的安装模式所需的磁盘空间是最多的。因为在安装过程中，安装程序将自动安装该软件的所有功能，而且用户在安装过程中不需要任何设置。

6. 自定义安装

自定义安装适合于有经验的高级用户，根据安装向导的提示，用户自己选择安装软件的那些辅助功能或组件，目的是可以根据自身的需要来制定出适合自己需要的软件，而且不会浪费磁盘空间。一般情况下，在选择某些组件的同时，软件本身会有对此组件简单的提示，供用户进行参考。

1.2.3　软件的卸载

计算机用的时间长了，装的软件就越来越多，但是并不是每一款软件都需要经常使用，所以卸载软件是常有的事。别小看了软件卸载，它可不像安装软件时仅仅运行 Setup 文件那么简单，如果卸载方法不正确，不但软件没有删除干净，而且时间长了还会影响系统的整个性能。在这里就介绍几种常用的卸载方法。

1. 利用 Uninstall

在软件完全安装以后，在开始菜单中的安装目录中除了应有的文件以外，常常在最下面有个名为"Uninstall＋软件名"的文件，执行该程序后，它会引导用户将软件彻底删除干净。

单击"开始",指向"程序",电脑安装的软件大都在这里显示,在菜单或目录中一定会看到一个"Uninstall"文件(图 1-3 是 Flash Decompiler 的卸载文件),单击它,就会弹出对话框提示用户一步一步地完成删除工作。

图 1-3　用 Uninstall 卸载软件

2．使用"控制面板"

现在有相当一部分软件在"开始"菜单中没有安装 Uninstall 程序,这时就不能利用第一种方法进行卸载了。不过没有关系,用户还可以利用 Windows 提供的"添加/删除程序"来完成软件的卸载,如图 1-4 所示。

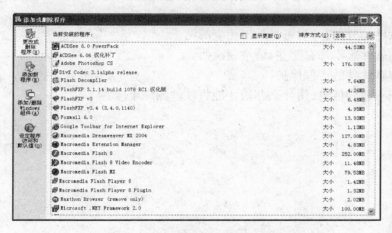

图 1-4　利用"添加/删除程序"卸载软件

执行"开始→设置→控制面板→添加/删除程序"命令,打开"添加/删除程序"窗口,列表中列出了电脑安装的所有程序,想删除哪个程序,单击选择它,然后单击"添加/删除程序",这时就完成了卸载任务。

3．利用第三方工具

卸载软件时,通常是通过"添加/删除"程序进行操作的。不过现在很多软件都会改变注册表并向注册表中写入键值,或将自身文件添加到系统文件夹,单纯依靠"添加/删除"便无法达到完全清理的目的。这时就需要借助第三方软件来帮助卸载。

例如,"完美删除 XP"这款软件,它的"监视功能"可以把软件安装时写入的所有文件记录下来,到卸载时,就可以按照记录信息把文件彻底删除干净。

4．手动删除

这里给大家介绍三种常用的手动删除方法:

一是假如软件无法卸载而且 Uninstall.exe 文件丢失,这时可以将其他软件的 Uninstall.exe 文件复制到想要卸载软件所在的文件夹下,然后双击执行,大多数情况下可以实现卸载。

二是对于那些用以上方法都无法完全卸载干净的软件,这时只好自己手动来删除软件了。通常,现在的软件在安装时都会自动生成一个名叫 install 的 log 文件,它是用来记录软件安装过程的文件,里面保存着在硬盘中生成了哪些文件夹、复制了哪些文件、在哪些位置放置了快捷方式、在注册表中添加了哪些键值、覆盖了哪些现有的文件等。假如有些软件实在卸载不了，就可以把 install．log 文件打开看看，照着其中的内容把相关文件删除即可。

三是修改注册表。假如用户在删除软件时没有按照常规方法来操作，而是把软件所在的目录直接删除，这时软件的主体已经不存在了，但在"添加／删除程序"中还依然存在，这时就要手动把注册表中相应的键值删除干净。

打开注册表编辑器，依次找到"HKEY ＿ LOCAL ＿ MAC-HINE \ Software \ Micrsoft \ Windows \ CurrentVersion \ Uninstall"。在这里，所有的项都是"添加／删除程序"中的项，删除它们相应的"添加／删除程序"中的遗留项也将消失。

1.3 习题

1．简述软件的分类，并为每类举出相应的例子。
2．常见的软件版本都有哪些，请举例说明。
3．如何理解软件的产权保护？
4．在遇到恶意软件时，用什么办法才能将软件删除干净？

第2章　安全工具软件

随着计算机网络的普及,计算机病毒和黑客恶意攻击等问题日益显露,因此如何保护好我们使用的计算机系统,使它处于良好的工作状态,把病毒对计算机系统的危害降到最低,是每一位计算机用户应该掌握的内容。

2.1　计算机安全工具软件介绍

随着社会及家庭通信网络的应用普及,在用户享受宽带网络带来的便利与快捷的同时,也为各类严重威胁计算机信息安全的病毒提供了方便之门。计算机病毒和木马程序的传播导致重要数据遭到破坏和丢失,广告软件、间谍软件、浏览器劫持等恶意软件的充斥使得上网不再轻松。计算机信息安全越来越成为人们重视与关心的焦点问题。计算机技术发展得越快,计算机病毒技术与计算机反病毒技术的对抗也越尖锐。据统计,现在基本上每天都要出现几十种新病毒,其中很多病毒的破坏性都非常大,稍有不慎就会给计算机用户造成严重后果。计算机安全工具软件正是从病毒的传播途径、病毒的防范、病毒的查杀、系统的修复和数据的备份等方面着手全方位地提升系统的安全性。

2.2　病毒

自从互联网迅速发展以来,信息的传递以每秒千里的速度在传递,但在享用丰盛的信息大餐时,电脑安全也格外重要。就目前来说,即使不是电脑高手也要对计算机病毒有些常识性的了解,毕竟电脑病毒已经不再像以前那样是遥不可及的东西了。

计算机中的病毒与医学领域中病毒的概念完全不同。《中华人民共和国计算机信息系统安全保护条例》明确指出:"计算机病毒,是指编制或者在计算机程序中插入的破坏计算机功能或者毁坏数据,影响计算机使用,并能自我复制的一组计算机指令或者程序代码。"由此可见,计算机中的病毒,其实就是一段具有特殊功能的程序。

同医学领域中的病毒一样,计算机病毒也分轻重缓急。轻者干扰正常工作,重者使系统瘫痪。总的来说,计算机病毒的危害性主要分三个方面,一是以破坏用户数据文件为目的,使用户的信息遭到严重毁损;二是以占用网络带宽为目的,在网络中大量传输无用数据,造成局部网络阻塞;三是以破坏操作系统、软件、窃取用户信息为目的,造成用户系统崩溃或个人隐私信息丢失。

2.2.1　病毒的特征

之所以把某些程序称为病毒,其主要的原因是他具有其他程序所不具备的特殊性。主要特征表现在:

1) 破坏性。当病毒在电脑中发作时,会对计算机系统文件、资源等运行造成严重干扰,有些病毒在随系统启动时强制关闭杀毒软件进程。

2）隐藏性。它是指当病毒活动时，并不被用户发现，当数据或程序遭到感染和破坏时，为时已晚。

3）触发性。一般来说病毒的发作都要满足一定的条件，这个条件可以是时间，可以是其他特定程序运行的次数等。

4）传染性。它是指病毒可以自我复制，在满足一定条件时，对其他文件进行非法操作，并传染给其他用户，自身成为新的传染源。

5）寄生性。一般病毒都依存于其他文件。例如，有种病毒只感染扩展名为 EXE 的文件，只要用户双击 EXE 文件，病毒就执行一次，造成系统资源的严重占用。

6）不能预见性，病毒在不断变化，产生变种病毒。虽然说目前有些杀毒软件可以预防病毒，但总的来说病毒还是超前于防毒软件而传播发展，可以说没有任何一种杀毒软件能查杀所有病毒。

2.2.2　病毒发展趋势与防范

据有关统计数据来看，目前计算机病毒的发展趋势呈现出以下几方面的特点：

1）波及面广，危害性大。由于绝大多数计算机病毒是通过互联网传播的。因此，一种病毒可以通过互联网很快地传播到其他任何一台联网的计算机。

2）病毒技术含量高，变种多。与传统的编程方法不同，现在许多病毒是通过先进的编程技术和新的编程语言来实现的，只要稍加修改就可以产生许多变种病毒，以此来逃避杀毒软件的识别。

3）频率高。据计算机病毒中心有关统计数据，目前每个月都有新的病毒疫情出现，并且造成影响的病毒多达上百种。

4）诱惑性强。目前计算机病毒很会伪装自己，充分利用了计算机用户的好奇心。

5）功能多样化。与传统的病毒相比，现代的病毒大多都具有蠕虫、后门程序的功能，不再是以破坏计算机数据为目的。病毒一旦入侵计算机系统后，在不知不觉中病毒的控制者就会轻而易举的窃取用户信息，甚至夺取系统的控制权。

在病毒防范方面，应该增强网络安全意识并养成良好的电脑使用习惯。首先是不制作、不传播病毒，当重新安装系统时，要保持系统的自动更新，时刻注意安装系统补丁；当用户上网时，应该及时打开杀毒软件的实时监控功能，避免病毒通过用户浏览网页或下载时传播，还要注意的是，连接网络时一定要打开防火墙，这样可以有效杜绝病毒与外界联系。

总之，随着计算机病毒的发展，病毒的防御手段也多种多样，也并非上述的片面内容，要在与病毒对抗的环境中保持优势地位，就必须了解病毒的发展趋势，以及在关键技术上的研究。技术上的创新才是防范与遏制病毒的重要手段。

2.3　个人防火墙工具——天网 Athena 2006

防火墙是位于计算机与其他网络设备之间的软件或硬件系统，主要用于隔离专用网络和互联网，一般由一台设备或一个软件构成，复杂的网络系统则需要由多台设备构成。对普通用户来说，所用的防火墙称为个人防火墙，其通过监控所有的网络连接，过滤不安全的服务，可以极大地提高网络安全。

天网防火墙个人版(简称天网防火墙)是由天网安全实验室研发制作给个人计算机用户使用的网络安全工具。它根据系统管理者设定的安全规则把守网络,提供强大的访问控制、信息过滤等功能。可以抵挡网络入侵和攻击,防止信息泄露,保障用户机器的网络安全。天网防火墙把网络分为本地网和互联网,可以针对来自不同网络的信息设置不同的安全方案,适合于任何方式连接上网的个人用户。

2.3.1　天网个人防火墙的安装

双击安装程序,出现如图 2-1 所示的安装向导界面,选择"我接受此协议",连续单击"下一步"按钮继续安装。与其他软件安装不同的是,天网防火墙在安装过程中出现防火墙设置向导界面,如图 2-2 所示。

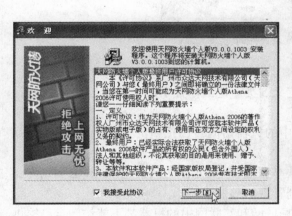

图 2-1　安装向导

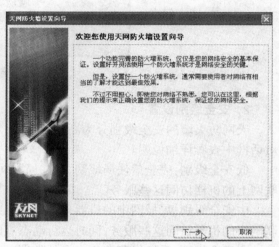

图 2-2　设置向导

在接下来出现的"安全级别设置"中,为了保证能够正常上网并免受他人的恶意攻击,一般情况下,大多数用户选择中等安全级别,对于熟悉天网防火墙设置的用户可以选择自定义级别。单击"下一步"按钮,软件将会自动检测本机 IP 地址并记录下来,建议勾选"开机的时候自动启动防火墙"这一选项,以保证计算机随时都受到天网的保护。对于"常用应用程序设置",建议大多数用户使用默认设置。至此天网防火墙的基本设置已经完成,单击"结束"完成安装过程。计算机将重新启动使防火墙生效。

2.3.2　天网个人防火墙的设置

使用防火墙的关键是了解配置规则并进行合理地配置。防火墙的设置主要有"系统设置"、"安全级别设置"、"应用程序访问网络权限设置"、"IP 规则设置"四个方面。

1. 系统设置

如图 2-3 所示,在防火墙的控制面板中单击主界面左侧第三个图标"系统设置"按钮即可展开防火墙系统设置面板。基本设置选项卡中的"启动"是设定开机后自动启动防火墙。管理权限选项卡中的"应用程序权限"可以不勾选,当程序访问网络时再询问是否同意访问网络。

图 2-3　系统设置界面

2．安全级别设置

天网防火墙的安全级别分为高、中、低、自定义 5 类。把鼠标置于某个级别上时,可从注释对话框中查看详细说明。

低安全级别:完全信任局域网,允许局域网中的机器访问自己提供的各种服务,但禁止互联网上的机器访问这些服务。

中安全级别:局域网中的机器只可以访问共享服务,但不允许访问其他服务,也不允许互联网中的机器访问这些服务,同时运行动态规则管理。

高安全级别:系统屏蔽掉所有向外的端口,局域网和互联网中的机器都不能访问自己提供的网络共享服务,网络中的任何机器都不能查找到该机器的存在。

自定义级别:适合了解 TCP/IP 协议的用户,可以设置 IP 规则,而如果规则设置不正确,可能会导致不能访问网络。

对普通个人用户,一般推荐将安全级别设置为中级,如图 2-4 所示。这样可以在已经存在一定规则的情况下,对网络进行动态的管理。

扩展级别:采用外挂插件形式实现,容易得到丰富的扩充。使用扩展级别更严密、更安全,用户可以从网络上自行下载扩展规则包,解压缩到安装目录即可。

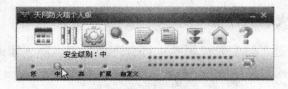

图 2-4　安全级别设置

3．应用程序访问网络权限设置

在防火墙的控制面板中,单击主界面左侧第一个图标"系统设置"按钮,展开如图 2-5"应用程序访问网络权限设置"窗口。天网防火墙可以控制应用程序发送和接收数据传输包的类型、通信端口，并且决定拦截还是通过。当有新的应用程序访问网络时，防火墙会弹出警告对话框，如图2-6所示询问是否允许QQ访问网络，保险起见对用户不熟悉的程序，都可以设为禁止访问网络。单击图2-5中的"选项"在设置的高级选项中，还可以设置该应用程序是通过TCP还是UDP协议访问网络，以及TCP协议可以访问的端口。当不符合条件时，程序将询问用户或禁止操作。用户可以自行决定是否允许这些程序访问网络。选择"该程序以后都按这次操作运行"选项，程序下一次访问网络时，则按默认规则管理。

图 2-5　应用程序规则设置

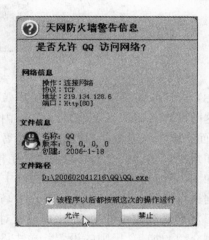

图 2-6　警告信息对话框

4．IP规则设置

虽然天网中已经设置好了很多IP规则，但根据使用情况不同仍需要制定相应的规则。对于对IP规则不太了解，并且也不想去了解这方面内容的用户，通过下载天网提供的安全规则库并将其导入到程序中，可以起到一定的防御木马程序、抵御病毒入侵的效果。但是对于最新的木马和病毒攻击，需要重新进行规则库的下载。如果IP规则设置不当，天网防火墙的警告标志就会闪个不停。设置正确的IP规则，既可以保护电脑的安全，又可以不必时时去关注警告信息，使防御手段更周到、更实用。

如图2-7所示，单击主界面左侧第二个图标"IP规则管理"。进入IP规则设置界面。在这一项设置中，用户可以自行添加、编辑、删除IP规则，对防御入侵可以起到很好的效果。

此处有几个选项特别提醒用户注意：

（1）防御ICMP和IGMP攻击

这两种攻击形式一般情况下只对Windows 98系统起作用，对使用Windows 2000/XP的用户攻击无效，因此可以允许这两种数据包通过，或者拦截而不警告。

（2）防止别人用Ping命令探测

用Ping命令探测用户计算机是否在线，是黑客经常使用的方式，因此要防止别人用Ping探测。

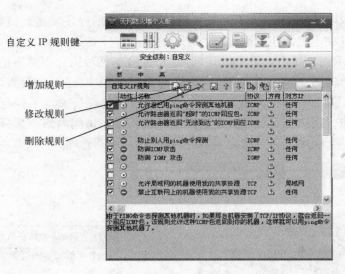

图 2-7　IP 规则的管理

（3）"允许局域网内的机器使用共享资源"和"允许局域网内的机器进行连接和传输"

这两种方式一定要禁止，因为在国内 IP 地址缺乏的情况下，很多用户是在一个局域网下上网，而在同一个局域网内可能存在黑客的入侵。

如果用户知道某个木马或病毒的工作端口，就可以通过设置 IP 规则封闭这个端口。方法是增加 IP 规则。在 TCP 或 UDP 协议中，将本地端口设为从该端口到该端口，对符合该规则的数据进行拦截，就可以起到防范该木马的效果。139 端口是经常被黑客利用 Windows 系统的 IPC 漏洞进行攻击的端口，用户可以对通过这个端口传输的数据进行监听或拦截。下面以此为例介绍增加 IP 规则的设置。单击图 2-7 中的"增加规则"按钮，在"增加 IP 规则"窗口中按照如图 2-8 所示进行端口的 TCP 数据操作。

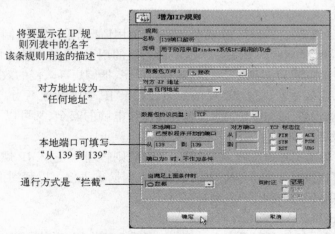

图 2-8　增加 IP 规则的设置

2.4　查杀病毒工具——卡巴斯基 Athena 6.0

卡巴斯基（Kaspersky）杀毒软件（简称卡巴斯基）来源于俄罗斯，是世界上最优秀、最顶级的网络杀毒软件之一。在国内卡巴斯基反病毒软件的名气并不是很大。但是在国际市场中,卡巴斯基已经成为信息安全技术领域公认的领导者。

卡巴斯基提供了四重立体防御体系,能有效防备几乎所有类型的安全威胁。

1) 文件保护:最为传统的反病毒功能。

2) 邮件保护:使用户的计算机远离邮件病毒。

3) Web 反病毒保护:加强网络功能,从病毒传播的主要源头进行防范。

4) 主动防御:卡巴斯基的最大亮点,通过分析安装在计算机上应用程序的行为,监控系统注册表的改变,从而及时发现隐蔽威胁以及各种类型的恶意程序。

2.4.1 卡巴斯基的安装与界面介绍

根据提示进行安装,结束后重启电脑。这里要注意的一点是,如果电脑中有以前版本的卡巴斯基反病毒软件或者有其他杀毒软件,一定要在安装卡巴斯基之前进行卸载,否则可能会有严重的软件冲突。

卡巴斯基的主界面比较简单,它分为左右两个窗格,如图 2-9 所示。左边窗格是导航栏,用于快速找到并运行程序模块,执行扫描任务和获取程序的相关支持。右边窗格部分是通知面板界面,它显示左边窗格选择组件的相关信息,也可以通过这个窗格实现病毒扫描、隔离文件、备份文件、管理许可文件等操作。

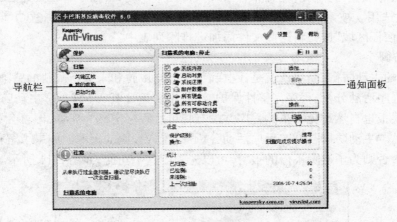

图 2-9　病毒扫描界面

2.4.2 查杀病毒

如图 2-9 所示,在导航栏窗格中单击"扫描→我的电脑",然后在通知面板窗格中选择需要扫描的文件并单击"扫描"按钮即可。

2.4.3 卡巴斯基的参数设置

单击主窗口右上的"设置"按钮,进入软件设置窗口,如图 2-10 所示。

1. 软件保护

卡巴斯基对于"风险软件"的定义分为三类。

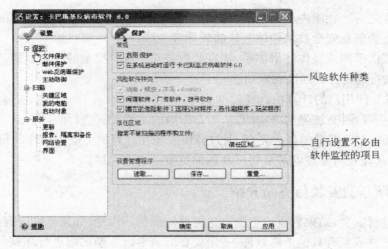

图 2-10　软件保护设置

1）病毒、蠕虫、木马以及 rootkits 程序。

2）间谍软件、广告软件以及拨号软件。

3）潜在的危险软件：远程控制软件、恶作剧程序。

对"风险软件"的广泛定义，也意味着系统报警几率的提升，除了第 1 类是必选之外 2、3 类别可根据情况选用。被系统定义为危险软件的某些程序，可能不具有恶意功能，如果打算使用，可以单击"信任区域"按钮将这些文件添加进排除列表中。

2．**主动防御**

卡巴斯基的主动防御，简单说就是让电脑免受已知威胁和未知新威胁的感染，它主要由四个项目组成：程序活动分析、程序完整性保护、注册表防护、Office 防护。"主动防御"是防护未知病毒，当然误报也自然难免。虽然程序并没有将可疑程序定义为病毒，但总会不停地警告用户有可疑程序。"主动防御"中的"程序活动分析"是警告频繁的根源。如果了解程序的可靠性可以选择此项，否则为了避免不停的报警，可以先关闭这个功能，如图 2-11 所示。

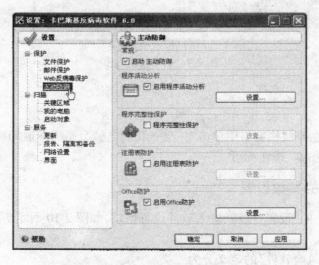

图 2-11　主动防御设置

2.5 木马清除工具

木马这个名称取自古希腊特洛伊战争中著名的"木马计",顾名思义,就是一种伪装潜伏的网络病毒,等待时机成熟就发作。木马程序通过电子邮件附件发出,捆绑在其他程序中。病毒发作时会修改注册表、驻留内存、在系统中安装后门程序、开机加载附带的木马。木马的危害性在于它对电脑系统强大的控制和破坏能力,窃取密码、控制系统操作、进行文件操作等等。一个功能强大的木马一旦被植入计算机,攻击者就可以像操作自己的机器一样控制用户的机器,甚至可以远程监控计算机的所有操作。所以用户应提高警惕,不应下载和运行来历不明的程序,对于不明来历的邮件附件也不要随意打开。

2.5.1 Windows 木马清道夫

Windows 木马清道夫(简称木马清道夫)是一款非常优秀的专业级反木马安全工具,是适合于所有网络用户的安全软件,既有新手使用的扫描内存、扫描硬盘、扫描注册表、清理内存等基本操作按钮,也有可供高手使用的进程管理、模块信息管理、后台服务管理等强大功能。可自动查杀几千种木马,配合手动分析可对未知木马进行查杀。

木马清道夫和一般的常用软件一样,执行传统的安装就可以了。双击程序快捷方式,首先会在任务栏启动木马防火墙。右键单击防火墙图标如图 2-12 所示,在弹出的菜单中选择"打开木马清道夫",即显示软件主界面,如图 2-13 所示。在软件的右边栏分别有扫描进程、扫描启动、扫描硬盘、扫描注册表等按钮,可以分别针对不同的方式进行系统扫描监测。木马清道夫还可以通过使用"清理内存",释放内存空间,加快系统运行速度。

图 2-12 启动软件

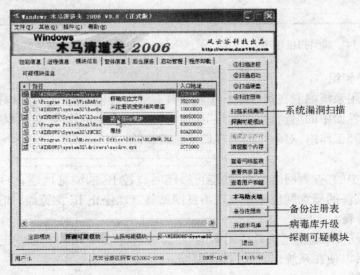

图 2-13 Windows 木马清道夫主界面

除了基本的木马扫描功能外,木马清道夫还有其他的实用功能:

1．探测可疑模块

单击主界面中的"探测可疑模块"按钮，将列出嵌入到系统程序的可疑 DLL 模块，查找系统中的所有可疑文件。对可疑文件进行精确定位，还能够从注册表中扫描它的加载键值，并删除该键值，软件还提供了强行删除运行中的 DLL 模块的功能。

2．扫描系统漏洞

在主界面中单击"扫描系统漏洞"按钮，可以检测当前系统可能存在的安全漏洞隐患，并提供微软公司的官方补丁程序下载地址，使系统安全性大大提升。界面如图 2-14 所示。

3．查看共享目录

某些木马利用共享资源进行传播，此时共享就为木马进入系统打开了一道大门。单击主界面中"查看共享目录"按钮，打开"共享目录查看工具"对话框，如图 2-15 所示，使用此功能就可以查看本机的所有共享资源，包括隐藏的共享等，在这里用户可以对其进行有效监控，并可将其关闭。

图 2-14　漏洞扫描程序

图 2-15　共享目录查看工具

4．查看用户和组

某些木马利用系统漏洞在操作系统中新建具有管理员权限的用户，用以操控用户计算机。用户通过单击主界面中的"查看用户和组"按钮，打开"用户和组管理"对话框，如图 2-16 所示，查看系统的用户和工作组，对陌生的管理员要进行删除。

5．监视 IE

启动主界面中的"查看网络监视"功能可以随时监控 IE 的浏览地址，防止 IE 注册表被非法修改，如果从软件的恶意网址库中发现不良网站将自动停止 IE 浏览器，如图 2-17 所示。

6．备份注册表

如图 2-18 所示，木马清道夫软件附带的"注册表备份工具"可以在系统正常运行时对系统注册表进行备份，以便在系统出现异常情况时进行注册表恢复。

7．智能升级

为了及时应对互联网上新出现的病毒与木马，Windows 木马清道夫还提供了网上木马库升级，为系统进行常效的保护。在升级木马库窗口中选择升级方式，然后单击"下一步"按钮，软件在通过用户身份验证后，自动进行病毒库的升级，如图 2-19 所示。

图 2-16　用户和组管理窗口

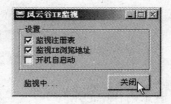

图 2-17　IE 监视

图 2-18　注册表备份

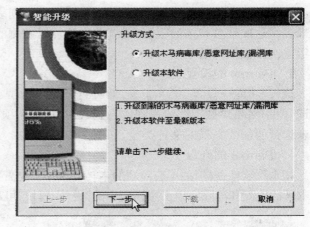

图 2-19　智能升级

2.5.2　木马克星 IParmor

　　木马克星 IParmor 是专门用于查杀各种木马的反木马软件，面向最基本的电脑用户，只要运行该软件，它就会自动寻找并且清除木马。IParmor 内置木马防火墙，任何黑客试图与本机可疑端口连接时，都需要经过 IParmor 的确认，包括邮件监视技术，QQ 密码偷窃以及发送密码邮件等，可在最大程度上保证用户计算机的安全性。

1．IParmor 主界面介绍

　　下载 IParmor 的安装文件并进行安装，IParmor 运行后将自动进行程序扫描，其主界面如图 2-20 所示。

2．查杀木马

　　IParmor 的主要功能就是查杀木马。按照查杀的范围不同，IParmor 提供两种查杀方式。

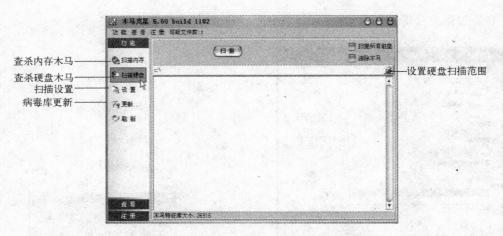

查杀内存木马————扫描内存
查杀硬盘木马————扫描硬盘————设置硬盘扫描范围
扫描设置————设置
病毒库更新————更新...
刷新

图 2-20 木马克星 IParmor 主界面

（1）查杀内存中的木马

单击主界面中的"扫描内存"按钮，程序开始自动查杀内存中的木马。

（2）查杀硬盘中的木马

单击主界面中的"扫描硬盘"按钮，可以在信息列表区域上方的地址栏中直接输入一个路径来表示这次硬盘扫描的范围，或者单击地址栏右侧的浏览按钮，通过"浏览文件夹"对话框来确定这次硬盘扫描的范围。

3．IParmor 的设置

执行"功能→设置"菜单命令，即可打开"IParmor 设置"对话框。在"木马拦截"选项卡中勾选"使用网络拦截"及"监视邮件"选项，在"扫描选项"选项卡中，可按照复选框提供的文件类型来选择所需扫描的文件类型，如图 2-21 所示。

4．IParmor 的升级

和杀毒软件一样，为了应对新的木马，IParmor 也需要及时升级更新病毒库来保障 IParmor 对新木马的检测和清除。单击主界面中的"更新"模块，可进行病毒库升级，如图 2-22 所示。

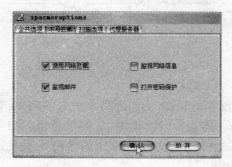

图 2-21 IParmor 的设置

图 2-22 IParmor 的升级

2.6 流氓软件清除工具

现在许多软件中捆绑了一些广告程序、恶意插件，不知不觉地装入用户的系统中，不但占用系统资源,而且还会接收网上的广告。即使在控制面板中将其删除,仍然会有残余的线程文件向外发送信息。更麻烦的是,它们通常都没有提供卸载程序,用户通常只能通过手工去删除,这样不但操作起来麻烦,也很容易误删系统文件。下面介绍几款专门针对流氓软件的清除工具。

2.6.1　360 安全卫士

360 安全卫士是一款完全免费的公益性软件,随着功能的不断完善,360 安全卫士已经成为首选的上网安全辅助软件之一,用户可以通过网上下载并安装该软件。360 安全卫士可以卸载各类插件,包括 IE 第三方工具条插件、浏览器辅助对象插件、地址栏挂钩插件、网络协议劫持插件、IE 工具栏按钮插件、IE 右键菜单额外插件、网络协议过滤器插件等 7 大主要类型插件。最新的 360 安全卫士已经可以卸载 267 款插件。

1.软件的功能介绍

软件的主要功能集成在主界面中的"状态"、"查杀"、"修复"、"工具"、"求助"等模块当中。

（1）状态模块

1）基本状态选项卡

用于显示软件版本信息及使用记录,"自动更新"区域的升级设置中提供了多种软件升级的方式。单击"升级设置",可以设置"自动升级"(不做任何提示,后台保持版本为最新)、"检测到新版本后提示是否升级"、"不检测新版本"等三种升级方式,如图 2-23 所示。

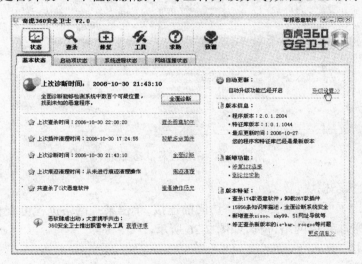

图 2-23　基本状态界面

2）启动项状态选项卡

该选项卡列出了系统启动时加载的程序,清理不必要的随机启动程序可以提高 Windows 的启动速度。方法是选中列表中程序项前端的复选框,并单击"禁用选中项"按钮,在下次启动系统时该软件将被禁止开机启动,如图 2-24 所示。

3）系统进程状态选项卡

该选项卡显示系统当前正在运行的进程,在这里可以强行结束无法退出或已退出但仍在后台活动的程序。选中进程名称前的复选框并单击"结束选中进程"按钮,如图 2-25 所示。

图 2-24　启动项状态界面

图 2-25　系统进程状态界面

4）网络连接状态模块

该选项卡列出了所有正在进行网络访问的连接，单击某一网络进程可查看详细信息，对查找出的可疑连接采取结束网络进程，如图 2-26 所示。

（2）查杀模块

1）查杀恶意软件

恶意软件是对破坏系统正常运行的软件的统称。进入查杀恶意软件选项卡，软件会自动检测系统中有无恶意软件的存在，并进行列举以便用户清除恶意软件。

2）卸载多余插件

单击"卸载多余插件"选项卡，360 安全卫士对每一个插件都提供了详细的描述，包括插件类型、软件描述、行为描述以及出品公司。尤其需要注意"行为描述"一项，例如在其"行为描述"中出现的"强制安装，建议删除"等，这相当于对用户操作的引导。选中恶意插件后，单击"立即清除"按钮即可将所有恶意插件卸载干净，如图 2-27 所示。

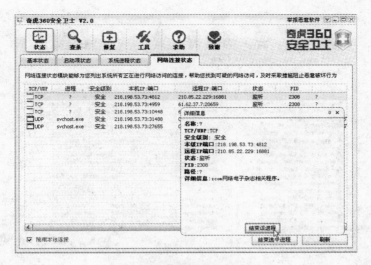

图 2-26　网络连接状态界面

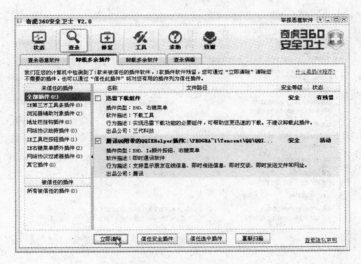

图 2-27　卸载多余插件界面

3）卸载多余软件

单击"卸载多余软件"选项卡，列表中排列了计算机中安装的应用程序，通过选择不常用的程序并执行卸载可节省磁盘空间，提高系统运行速度，如图 2-28 所示。

（3）修复模块

1）修复 IE 浏览器

可以从清理恶意程序启动项、解除对系统功能的非法限制、解除对 IE 的非法限制、清理 IE 外挂程序消除对 IE 的劫持等选项入手，彻底修复被篡改的浏览器设置，如图 2-29 所示。

2）修复系统漏洞

"修复系统漏洞"选项卡中提供了针对 Windows 2000/XP 系统的漏洞扫描，能够检测出计算机中存在哪些漏洞、缺少哪些补丁，并且给出漏洞的严重级别，提供相应补丁的下载和安装。扫描的漏洞将根据微软公司发布漏洞补丁的时间排序，并且标明各种漏洞的严重程度。单击

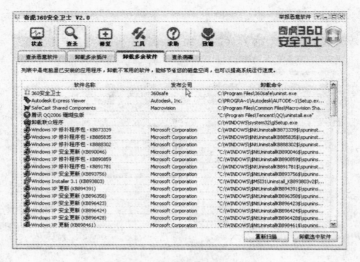

图 2-28　卸载多余软件界面

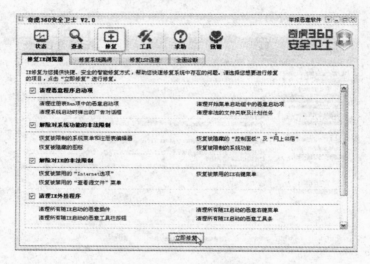

图 2-29　修复 IE 浏览器界面

则能查看该条漏洞的详细信息。

3）修复 LSP 连接

有些恶意软件会通过劫持 LSP 协议达到修改 IE 窗口地址的目的，卸载后还可能破坏网络连接，使用户不能访问网络。360 安全卫士专门针对这种情况提供了"修复 Winsock LSP"的功能。如果电脑的 LSP 协议被劫持，例如：访问网站时弹出窗口或经常被重定向到其他网站，即可使用 360 安全卫士的"修复 Winsock LSP"。如果使用修复 Winsock LSP 后无法访问网络，则可将 Winsock LSP 恢复到安装 360 安全卫士时的初始状态，以确保网络链接可用。

4）全面诊断

全面诊断是 360 安全卫士对系统进行全面诊断的功能。全面诊断将会扫描系统中 190 多个可疑位置（3 倍于同类软件），为用户提供最详细的系统诊断结果信息。进入"全面诊断"界面即可对系统进行全面扫描，扫描结束后会列出系统被修改的所有项，以及这些项的详细信息,并且智能划分安全等级。用户可以根据安全等级对各项进行修复操作。360安全卫士推荐用户选择危险项进行修复,对于未知项和安全项请在进行确认判断后再进行操作,如图2-30所示。

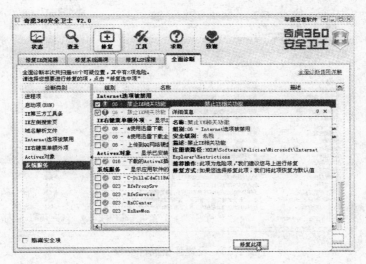

图2-30　全面诊断界面

（4）工具模块

1）痕迹清理

360安全卫士能够清理使用电脑时留下的各种痕迹,保护上网隐私,只需要勾选要清理的痕迹,然后单击"立即清理"即可,如图2-31所示。

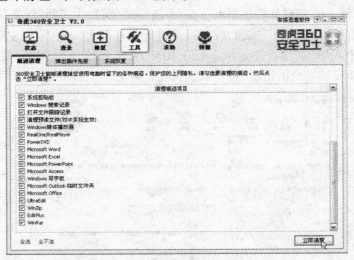

图2-31　清理使用痕迹

2）弹出插件免疫。

浏览网页时,经常会遇到有插件自动下载到电脑上的情况,不仅影响了上网速度,还会无端安装上不想要的插件,有些甚至还是恶意插件。为了彻底摆脱网上插件自动下载的干扰,则可以选择"弹出插件免疫"将其屏蔽。目前安全卫士提供了一百余种插件特征用来防范恶意插件，如图 2-32 所示。

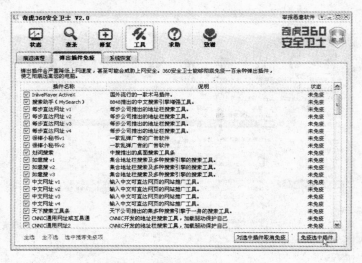

图 2-32　设置弹出插件免疫

3) 系统恢复

"系统还原"是 Windows 提供的一种故障恢复机制，目的是在不需要重新安装系统，也不会破坏数据文件的前提下使系统回到正常的工作状态。随着恶意软件种类、数量的增多，即便 360 安全卫士提供了详细的保护，也难免会有纰漏。倘若系统出现运行故障，可以利用软件提供的"系统恢复"功能轻松还原系统。

单击"系统恢复→恢复到备份还原点"，在"系统还原"窗口中选择"恢复我的计算机到一个较早的时间"，然后单击"下一步"按钮，按照提示进行操作即可。这一功能实际上只是 360 安全卫士提供的一个入口，其核心还是 Windows XP 自带的系统还原功能。用户可以通过上述方法在不需要重新安装系统的情况下，使系统恢复正常工作。如图 2-33 所示。

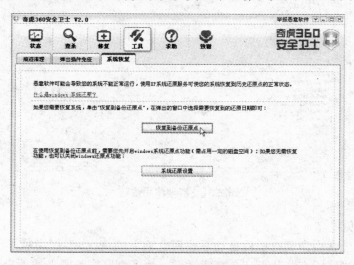

图 2-33　系统恢复界面

(5) 其他功能

此外,对于病毒的查杀,360安全卫士可调用安装在系统中的卡巴斯基杀毒软件进行病毒查杀功能。

2.6.2　微软恶意软件清除工具

恶意软件是对破坏系统正常运行的软件的统称,一般来说有如下表现形式:强行安装,无法卸载,安装以后修改主页且锁定,随时自动弹出广告、自我复制代码。恶意软件类似病毒一样拖慢系统速度。Microsoft Windows 恶意软件删除工具可以检查计算机中 Windows XP、Windows 2000 和 Windows Server2003 操作系统是否受到流行恶意软件(包括 Blaster、Sasser 和 Mydoom)的感染,并帮助删除感染。当检测和删除过程完成时,此工具将显示一个报告,说明检测到并删除了哪些恶意软件(如果有)等检查结果。该工具会在%WINDIR%\debug文件夹中创建名为 mrt.log 的日志文件。微软公司会在每个月第二个星期的星期二为这个工具推出升级。此工具不能代替防病毒产品,要彻底保护计算机,还应该使用防病毒产品。

用户可在微软公司网站下载该软件后直接运行程序,无须安装。程序运行后,将出现如图 2-34 的软件启动界面。待检测完毕单击"完成"按钮,如图 2-35 所示。

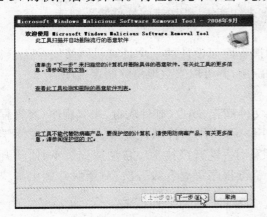

图 2-34　软件启动

图 2-35　检测完毕

2.7　其他相关工具软件介绍

除了以上介绍的几款安全工具外,目前比较流行的计算机安全软件还有:

1. 瑞星杀毒软件 2006 版

该版软件采用最新技术开发的新一代信息安全产品。对各种网络病毒、木马、黑客攻击具有全面查杀和主动防御能力,能够快速杀灭已知病毒、未知病毒、黑客木马、恶意网页、间谍软件等各种有害程序。同时提供漏洞扫描、系统修复、垃圾邮件过滤、硬盘备份、个人防火墙、木马墙、上网安全助手等各种功能,支持在线升级和在线专家门诊。

2. 金山毒霸

该软件可保障在 Windows 未完全启动时即开始保护用户的计算机系统,更加有效地拦截随机加载的病毒,使用户避免"带毒杀毒"的危险。实时防毒可对所有文件、网页、电子邮件、光盘、移动储存设备、各种聊天工具、下载以及其他各种进出电脑的文件进行病毒查杀。

3．Norton AntiVirus

这是一套强而有力的防毒软件，可侦测上万种已知和未知的病毒，并且每当开机时，自动防护便会常驻在系统栏，若文件内含病毒，便会立即警告，并作适当的处理。另外它还附有"LiveUpdate"的功能，可自动连接 Symantec 的 FTP Server 下载最新的病毒码，下载完后自动完成安装更新。

4．恶意软件清理助手 2.13

现在网上的恶意软件越来越多，前些日子网络行业协会点名了十大流氓软件，这些软件的特点大多是强制安装，而且不容易卸载。本软件可以完全清除掉上述软件，清理时最好在 Windows 的安全模式下进行。

5．QQ 木马病毒专杀大师

该软件是专门针对各种 QQ 木马病毒、各种广告间谍程序、黑客盗号程序及各种流氓软件而推出的专杀工具。

6．江民杀毒软件 KV2006

江民杀毒软件 KV2006 可有效清除 20 多万种的已知计算机病毒、蠕虫、木马、黑客程序、网页病毒、邮件病毒、脚本病毒等，全方位主动防御未知病毒，新增流氓软件清理功能。

7．清理间谍程序工具 SpyRemover

该软件是专门为清除悄悄安装在电脑里的间谍程序而设计的一个计算机网络安全工具！它可以快速地在系统组件中搜索已知间谍程序的踪迹，并可以安全地清除间谍程序。

8．北信源杀毒

该软件能查已知数万种病毒，包括引导病毒、文件病毒、蠕虫、邮件病毒、黑客程序、有害程序或恶意 Java 代码等。界面简洁美观，电脑初级用户可使用软件默认配置，无须花费时间学习使用软件就可达到很好的病毒防护效果。全新采用一键升级技术。自动探测版本，监测升级文件是否更新，自行寻找网络，自动升级。新版杀毒程序每周升级一次，对新病毒做出最快反应。

2.8 习题

1．常用的杀毒软件有哪些？在计算机中安装杀毒软件后上网是否安全？
2．下载并安装最新版本的天网防火墙，设置其中各项规则并进行测试。
3．下载木马清道夫软件，扫描系统漏洞并根据检测结果给操作系统打补丁。
4．安装卡巴斯基软件并进行软件保护操作。
5．下载安装 365 安全助手并保持其为最新版本，进行插件检测并删除无用插件。

第 3 章　文件处理工具软件

虽然 Windows 已经为计算机用户提供了资源管理器来管理整个电脑,但是有时候还需要一些额外的辅助功能来处理文件。这一章就简单介绍几款常用工具软件,来解决这些实际问题,以提高用户文件管理的水平。

3.1　文件处理软件介绍

对于"文件",在电脑中随时随地都会遇到。但什么是文件呢? 所谓"文件",就是在电脑中,以实现某种功能为目的而定义的一个单位。文件有很多种,运行的方式也各有千秋。一般来说可以通过识别文件名的扩展名来分辨这个文件是哪种类型。那么,对文件的处理来说使用最多的就是在 Windows 资源管理器中对文件进行复制、移动、删除、重命名等操作,但要想实现对文件的一些特殊处理就要借助于第三方软件了。在这一章中将介绍四款常用的工具软件,它们分别涉及压缩、加密、备份、数据恢复四个方面的内容。

- "WinRAR"是一款管理控制压缩文件的工具,也是在压缩领域占有率第一的软件,它能对文档、图片、音频、视频等多种格式压缩处理。
- "文件和文件夹加密软件"是一款强大、专业的文件和文件夹加密软件。·方便安全地为计算机用户解决数据保密和安全问题。
- "FileSafe 文件备份同步专家"是文件备份同步的顶级工具,它高效稳定、占用资源少,为用户提供双重保障。
- "FinalData"是一文件恢复工具,在误操作删除数据的时候,为用户提供挽救数据的一线希望。
- "文件粉碎机"是一款彻底删除工具,此种删除将无法恢复,对重要的文件起到了保护作用,而"Love Machine"可将文件进行自定义分割和伪装,用于特殊情况的处理。

3.2　文件压缩工具——WinRAR

WinRAR 是 32 位 Windows 版本的压缩文件管理器。也是目前最为流行的压缩工具之一,该软件具有强大的压缩、分卷、加密、自解压模块且具有备份方便等特点。在此介绍的 WinRAR 3.6 版采用了更为先进的压缩算法,是一款聚创建、管理和控制压缩文件为一身的强大工具。

3.2.1　WinRAR 的安装与启动

从软件下载站点下载 WinRAR 安装程序,双击安装文件,打开安装程序的主界面,如图 3-1所示,单击"安装"按钮进行安装。如果需要更改安装路径,可以单击"浏览"按钮,在弹出的对话框中选择需要安装的路径。在安装成功前会自动弹出初始设置的对话框,如图 3-2

所示。在对话框下部有与上面三组选项相对应的解释,如保持默认值不做修改,单击"确定"按钮即可。安装完成后将打开"完成"对话框,单击"完成"按钮完成 WinRAR 的安装。

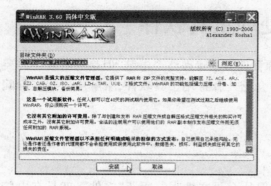

图 3-1　WinRAR 安装主界面

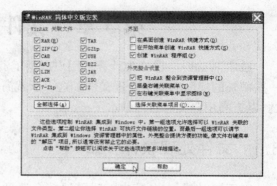

图 3-2　WinRAR 初始参数设定

　　要想启动 WinRAR 也非常简单,双击桌面上 WinRAR 图标或者执行"开始→程序→Win-RAR"命令,这样就完成了 WinRAR 的启动,启动后的主界面如图 3-3 所示。可以看出简洁的主界面由菜单栏、工具栏、地址栏、目录列表组成。

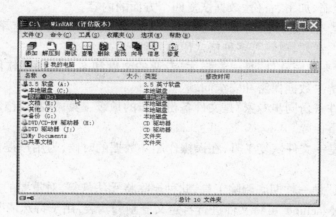

图 3-3　WinRAR 的主界面

3.2.2　WinRAR 的常用方法

1. 快速创建压缩文件

　　在日常生活中,经常遇到网站限制 E-mail 附件的文件大小,相互传送文件时想尽量缩短大文件的传送时间等情况,这时就需要用到 WinRAR 解决问题。

　　打开资源管理器,在右面的窗口中选择需要压缩的文件或文件夹,单击鼠标右键,在弹出的右键菜单中选择对应选项。这里就以名为"日常学习资料"的文件夹进行压缩,那么在右键菜单中就选择"添加到日常学习资料 .rar",如图 3-4 所示。

　　创建压缩文件最简单的方法就是执行右键菜单中的"添加到 * .rar"命令,软件将按照默认设置直接生成压缩包,图 3-5 为添加后正在执行的过程。

图 3-4　WinRAR 右键菜单命令　　　　　　　　图 3-5　正在添加压缩包

2. 快速打包压缩

有时候,将多个文件压缩打包仅仅只是为了能方便的发送给别人,并不在意是否能缩小多少文件的体积。而且 jpg 图片文件和 rmvb 等视频文件已经是压缩过的格式,就算再用 Win-RAR 压缩,其体积也不会减少多少,但是此款软件可以将这些文件打包成 ZIP 格式的压缩包,以减少用 RAR 格式压缩的时间。

这里以名为"图片集"的文件夹为例。同样是打开资源管理器,右键选择要压缩的文件夹,如图 3-6 所示在弹出的菜单中选择"添加到压缩文件 ..."。这时弹出来"压缩文件名和参数对话框",在常规选项卡压缩文件格式选项中选择"ZIP"选项,如图 3-7 所示,单击"确定"按钮即可完成文件夹的快速打包压缩。

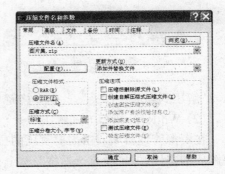

图 3-6　添加到压缩文件　　　　　　　　　　图 3-7　选择压缩文件格式

另外,在可选的"压缩方式"选项中还有"标准"、"最快"、"较快"、"最好"、"较好"和"存储"六种选项。一般情况下,压缩质量好与耗时是成反比的,通常选择"标准"选项。对于高压缩率的文件假如用户仅仅是为了备份数据,这里推荐使用"存储"方式,因为"存储"方式不执行压缩算法,可以节约大量的时间。

3．创建自解压包

自解压包比较特殊,它可以在没有安装压缩软件的电脑中运行,并且自动解压文件。创建的方法也比较简单:

1)打开资源管理器,右键选择要压缩的文件夹,在弹出的菜单中选择"添加到压缩文件..."如图 3-6 所示。

2)在如图 3-7 所示的对话框中,勾选"压缩选项"里的"创建自解压格式压缩文件"选项,之后单击"确定"按钮完成自解压文件的创建。

3)压缩完成以后生成一个后缀为 exe 的应用程序,双击该压缩文件即可自动解压。

4．解压缩

有两种方法可以对文件进行解压缩,一种是右键菜单方式解压,这种方式是最常见的,惟一的缺点是不能对压缩包中文件进行选择,只能全部解压;另一种是 WinRAR 窗口方式解压。

（1）右键菜单方式解压

右键选择已经压缩过的压缩文件,在弹出来的菜单中单击"解压到图片集 .rar",如图 3-8 所示,这样解压后的文件就保存在以"图片集"为命名的文件夹中。在右键菜单中还有另外 2 个解压命令,它们的含义如下:

"解压文件":此命令将打开"解压路径和选项"对话框,可以对解压进行详细的设置,如图 3-9所示。

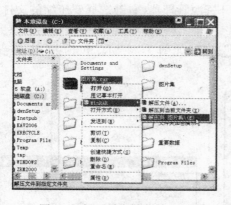

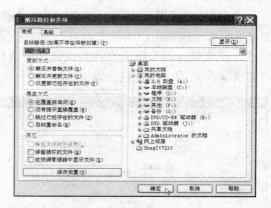

图 3-8　解压时右键菜单选项　　　　　图 3-9　解压路径和选项

"解压到当前文件夹":此命令将解压后的文件存放在压缩包所在的目录下。

（2）WinRAR 窗口方式解压

在资源管理器中双击需要解压的压缩包,这时打开 WinRAR 主界面,选择一个或多个需要解压的文件,如果没有选择将对整个文件夹解压。单击工具栏上的"解压到"按钮,这时打开"解压路径和选项"对话框,如图 3-9 所示。在对话框右侧的树型结构中选择解压后存放的位置,单击"确定"按钮完成解压任务。

5．修复损坏的压缩文档

有时候,从互联网上下载的 WinRAR 文档在解压缩的时候会遇到"报错"现象,无法完成解压缩,这时就要试试 WinRAR 提供的修复功能来挽救这类文档。

1）运行 WinRAR 软件，选中有问题的压缩文件，在其主界面上单击"修复"按钮或执行"工具→修复压缩文件"命令，这时会弹出如图 3-10 所示的对话框，单击"确定"按钮完成修复，并且对修复过程进行记录，这时在需要修复的文件目录下已经出现以"rebuilt"为开头的修复后的文件，如图 3-11 所示。

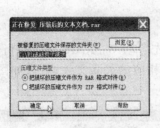

图 3-10　修复对话框

图 3-11　修复后的文件

2）对解压缩修复后的文件测试修复效果。

6．设置密码

（1）为已经压缩过的 RAR 文档设置密码

首先运行 WinRAR 软件，选中需要加密的 RAR 文档，单击鼠标右键，弹出如图 3-12 所示的菜单。选择菜单里面的"设置默认密码"选项，弹出如图 3-13 所示的"输入默认密码"对话框，在其中输入密码，单击"确定"按钮，完成密码设置。

（2）在添加压缩文件过程中设置密码

运行 WinRAR 软件，找到需要压缩文件所在的位置，并且选中该文件。单击主界面左上角"添加"图标，这时弹出"压缩文件名和参数"对话框，选择其中的"高级"文本标签，单击"设置密码…"按钮，如图 3-14 所示，这时弹出如图 3-13 所示的对话框，输入密码后单击"确定"按钮，即可完成在添加压缩文件过程中设置密码。

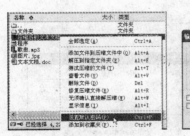

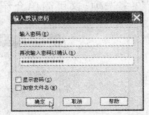

图 3-12　右键菜单选项　　　　图 3-13　设置密码　　　　图 3-14　高级选项卡

3.2.3　WinRAR 的设置

在使用 WinRAR 的过程中，难免要对 WinRAR 根据个人的习惯进行必要的设置，下面就介绍一下 WinRAR 常用的设置方法。

1．常规设置

1）运行 WinRAR，在其主界面中执行"选项→设置"命令或按〈Ctrl＋S〉组合键，这时会弹出 WinRAR 参数设置的对话框，如图 3-15 所示。

2）在"常规"选项卡中，软件从"系统"、"历史"、"工具栏"、"界面"、"日志"5 方面进行常规设置。值得说明的是，"低优先级"的意思是：如果经常与其他应用程序合用，并将 WinRAR 放在后台运行时，选择此项可降低 WinRAR 的系统占用率。

2．WinRAR 关联设置

如果发现一些压缩文件不再与 WinRAR 关联了，那么首先启动 WinRAR，其次执行"选项→设置"命令，打开"设置"对话框，之后选择"综合"标签，选择相应的关联文件即可，如图 3-16 所示。

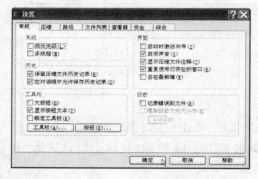

图 3-15　WinRAR 设置对话框

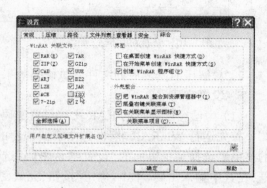

图 3-16　设置文件关联

3．设置启动文件夹

假如每次启动 WinRAR 都要选择同一个文件夹，那么把这个文件夹设为启动文件夹就可以免去每次都要选择的麻烦。具体操作为：启动 WinRAR，按下〈Ctrl＋S〉组合键，在弹出来的"设置"对话框中单击"路径"标签，取消"启动时恢复到上次工作的文件夹"复选框。再单击"启动文件夹"中的"浏览"按钮，如图 3-17 所示，从弹出的窗口中选择相应文件夹即可。

4．设置压缩选项

如图 3-18 所示，"压缩选项"栏中有许多选项，这里简单介绍一下各项的含义。

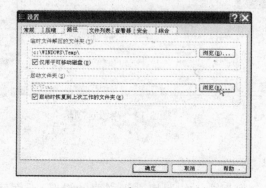

图 3-17　设置启动文件夹

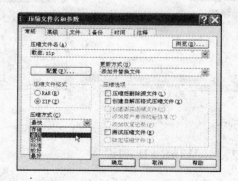

图 3-18　压缩文件名和参数

1）"压缩后删除源文件"：用于非常用文件的压缩备份。

2）"创建自解压格式压缩文件"：如果未选中该选项，则压缩后的文件只有安装了 Win-RAR 软件才能打开。如果选中该项，则软件本身自动创建 EXE 格式的压缩包，它不依赖任何压缩软件就能够在电脑中自行解压缩。此功能常用于压缩包要异地解压时，并且在对方电脑中没有安装 WinRAR 软件的情况下使用。

3）"创建固实压缩文件"：固实压缩文件是 RAR 的一种特殊压缩方式存储的压缩文件，且固实压缩文件只支持 RAR 格式的压缩文件，ZIP 压缩文件永远是非固实的。

4）"添加用户身份校验信息"：用于在压缩文件中添加关于"创建者"、"上次更新时间"以及"压缩文件名"的信息。为了启用用户身份校验信息功能，程序必须先行注册。

5）"添加恢复记录"：添加恢复记录，可在压缩文件损坏时帮助还原。

6）"测试压缩文件"：压缩后的测试。

7）"锁定压缩文件"：锁定的压缩文件无法再被 WinRAR 修改。常用于锁定重要的压缩文件以防止被意外的修改。

3.3 加密工具——文件和文件夹超级大师

随着互联网的快速发展，计算机信息的保密问题显得越来越重要。数据保密、密码技术是对个人计算机信息进行保护的最可靠最实用的方法。为了保证个人信息不能被其他人随意观看，可以使用文件加密软件进行加密。现在流行的加密工具种类很多，这里就给大家介绍一款界面友好、简单易用、功能强大的加密软件——文件夹加密超级大师。

3.3.1 "文件夹加密超级大师"的安装与启动

1. "文件夹加密超级大师"的安装步骤

1）从互联网上下载该软件后，双击运行"文件夹加密超级大师"的安装程序，这时弹出如图 3-19 所示的安装向导。在安装向导的引导下，单击"确定"按钮，随后将进入"许可协议"对话框，这时选择"我同意此协议"选项，否则会取消软件的安装，如图 3-20 所示。

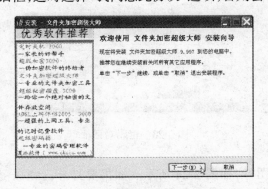

图 3-19　文件夹加密超级大师安装向导

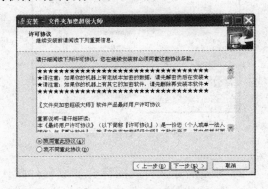

图 3-20　许可协议对话框

2）单击"下一步"按钮，这时将依次进入"选择安装位置"、"选择开始菜单文件夹"、"选择附加任务"和"准备安装"对话框。在安装向导的帮助下，根据自己的需要选择相应的选项，最后当安装程序结束以后，双击桌面上的图标，打开应用程序，就可以看到"文件夹加密超级大师"的主界面，如图3-21所示。

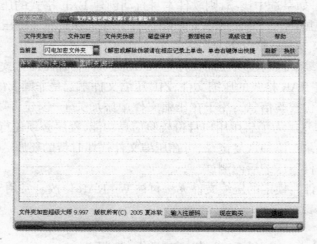

图3-21　文件夹加密超级大师主界面

3.3.2 "文件夹加密超级大师"的常用方法

1．快速加密与解密

1) 在安装"文件夹加密超级大师"软件以后，系统会把"加密"选项添加到右键菜单中，当要加密数据时，只需要右键选中目标数据，如图3-22所示，选择右键菜单中"加密"选项即可。单击"加密"选项后，弹出密码对话框，输入密码单击"加密"按钮，即可完成加密，如图3-23所示。

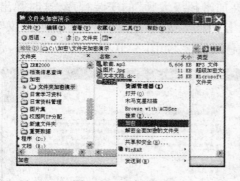

图3-22　右键菜单

图3-23　密码对话框

2) 加密后原文件的图标会变成软件默认的图标，如图3-24所示。如果要打开已经加密过的文件，双击该文件夹后，会弹出密码确认对话框，如图3-25所示。再次输入密码，如果选择"打开"按钮意思为仅仅是打开，当下次访问该加密文件夹时同样要输入密码；选择"解密"按钮的意思是对该文件夹解密，即该文件夹从此不具备保密功能。值得注意的是：千万不要忘记密码，而且不要对正在使用的数据和系统数据加密。

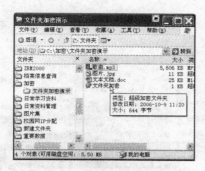

图 3-24 加密后文件夹改变图标

图 3-25 密码确认对话框

2．把文件或文件夹加密成 EXE 文件

1）双击桌面上的软件图标,运行"文件夹加密超级大师"软件,在主界面上单击"文件夹加密"按钮,在弹出来的对话框中选择需要加密的文件夹,单击"确定"按钮,如图 3-26 所示。这时在弹出的对话框中,选择"移动"选项,如图 3-27 所示,之后单击"加密"按钮即可把文件或文件夹加密成 EXE 文件。

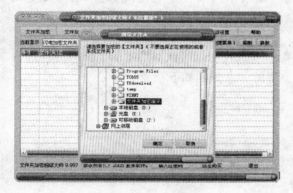

图 3-26 选择加密文件对话框

图 3-27 生成 EXE 文件的选项

2）把文件或文件夹加密成 EXE 文件的好处是:可以将重要的数据以这种方法加密后再通过网络或其他的方法传给其他用户,并且可以在没有安装"文件夹加密超级大师"的机器上使用。

3．文件夹伪装

在日常文件处理中,如果仅仅是想把文件夹隐藏就没有必要把文件夹加密并设置密码,况且如果密码丢失是件非常麻烦的事,这时就可以使用文件夹伪装功能进行文件伪装。

1）双击桌面上的软件图标,运行"文件夹加密超级大师",在主界面上单击"文件夹伪装"按钮,在弹出来的对话框中选择需要伪装的文件夹,单击"确定"按钮,这时在弹出的"选择要伪装的类型"对话框中选择要伪装成的类型,如图 3-28 所示,之后单击"确定"按钮即可对该文件夹伪装。

2）双击已经伪装过的文件夹,测试伪装效果,这时就会发现打开的不是原来文件夹里面的内容,而是转到了控制面板,这样就实现了文件夹伪装的目的。同样,解除文件夹伪装也十分简单。在软件的主界面中"当前显示"下拉菜单中选择"伪装的文件夹"选项,这时在下面列表中会显示伪装文件夹的名字和位置,如图 3-29 所示,鼠标左键单击伪装文件夹的名字即可解除对文件夹的伪装。

图 3-28　伪装的类型

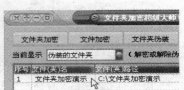

图 3-29　伪装文件夹的解除

3.3.3　"文件夹加密超级大师"的设置

在"文件夹加密超级大师"的主界面上,单击"高级设置"按钮即可弹出如图 3-30 所示的"高级设置"对话框。在这个对话框中软件为用户提供了四大类设置,分别是:"系统安全设置"、"软件使用设置"、"系统优化设置"、"系统清理"。用户可以根据自身需要来进行设置,此部分比较简单就不再赘述。

另外,在用这个软件加密数据的时候,每次都会发现在密码确认对话框的下面有五种加密类型供我们选择,如图 3-31 所示。这五种加密类型的含意分别如下:

图 3-30　"高级设置"对话框

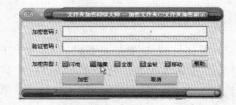

图 3-31　五种加密类型

闪电加密:瞬间加密电脑里或移动硬盘上的文件夹或文件,无大小限制,在何种环境下通过其他软件都无法解密。加密后的文件能防止他人复制和删除,并且不受系统影响,无论重装系统、Ghost 还原,还是在 DOS 和安全模式下,加密的文件夹依然保持加密状态。

隐藏加密:快速隐藏目标文件夹,加密速度和效果和闪电加密相同,加密后的文件夹必须通过本软件才能找到和解密。

全面加密:将文件夹中的所有文件一次全部加密,使用时需要哪个就打开哪个,方便安全。

金钻加密:将文件夹打包加密成加密文件。

移动加密:可将文件加密成 EXE 可执行文件。目的就是可以将这种加密的数据在没有安装"文件夹加密超级大师"的电脑上使用。

3.4 文件备份管理软件——FileSafe

每天在互联网上浏览网页,下载软件,通过网络相互发送、接收数据是非常平常的事情。然而电脑中的数据都时时刻刻面临着病毒的入侵、流氓软件的打扰、黑客和恶意攻击程序的种种威胁。通常,经过长期积累下来的资料往往比电脑本身还具有价值,所以就要学会经常备份自己的数据资料,以免珍贵的数据丢失。

下面就介绍一款文件备份软件,可以实现本机硬盘之间、局域网共享目录之间、FTP 服务器之间以及这三者两两之间的备份与同步,保证文件数据的安全性。

3.4.1 "FileSafe 文件备份同步专家"的安装启动与界面介绍

1．"FileSafe 文件备份同步专家"的安装步骤

1）双击"FileSafe 文件备份同步专家"的安装程序,弹出如图 3-32 所示的"准备安装"进度条。之后在安装向导的引导下,进入"许可证协议"对话框,如图 3-33 所示,单击"是"按钮,将进入"选择目的地位置"对话框,单击"否"按钮则会取消软件的安装。

图 3-32　准备安装

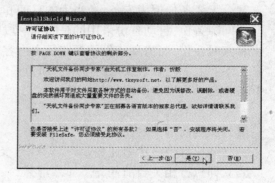

图 3-33　许可证协议

2）在如图 3-34 所示的"选择目的地位置"对话框中,如果需要更改安装路径,可以单击"浏览"按钮,在弹出的对话框中选择需要安装的路径。这里保持默认路径,单击"下一步"按钮,随后经过一段时间的文件复制,最后完成软件的安装。

2．"FileSafe 文件备份同步专家"界面介绍

1）软件安装完成以后,双击桌面上的图标或执行"开始→程序→文件备份专家"命令就可启动此软件,软件的主界面如图 3-35 所示。主界面由菜单栏、工具栏、任务窗口、任务信息窗口组成。

2）在建立备份任务以后,上半部窗口列表中前两列显示的任务状态有以下几种情况:

👆手动备份,没有设置自动备份,任务备份靠用户点击工具条中的按钮完成。

🌐自动备份并开启,当条件满足时,任务就会自动启动备份。

🌐自动备份但关闭,任务设了自动备份,但暂时不需要其自动启动,关闭自动。

➡️任务正在备份中,备份任务正在检查目录,复制删除相应的文件。

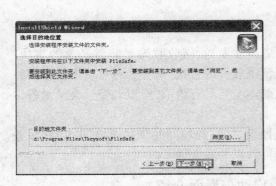

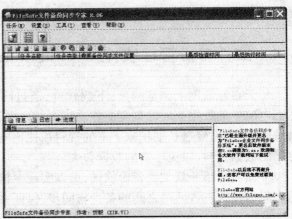

图 3-34 "选择目的地位置"对话框　　　　图 3-35 "FileSafe 文件备份同步专家"主界面

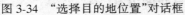今天无须备份,按日设置的定时备份,当天的日期和设置的日不一致,当天无备份任务。

✅ 今天要备份并已经备份,当天的日期和设置的日一致,并且已经备份过了。

✖ 今天要备份但尚未备份,当天的日期和设置的日一致,但是还没有备份过。

𝐼 间隙备份,自动备份采用的是间隔一段时间备份一次。

𝑅 实时备份,当需要备份的源路径中内容发生了变化,自动启动备份。

主界面上工具条中按钮的作用分别为:

新建一个备份同步任务。

修改当前选中的任务设置。

删除当前选中的任务。

立即执行当前选中任务。

立即执行相关当前任务。

如果当前选中任务正在执行的话,终止任务的执行。

开启任务当前的自动执行功能。

关闭任务当前的自动执行功能。

打开任务设置的源路径。

打开任务设置的目标路径。

恢复类型为"差分备份"任务的备份内容。

3.4.2 "FileSafe 文件备份同步专家"的备份同步任务

1. 任务的建立

1) 双击该软件运行,在其主界面中单击工具条中的第一个按钮,进入新建任务的向导,在向导的"任务名称"中为此次任务起一个名字,以便区分各个任务。在"任务类型"中选择"镜像同步"选项,如图 3-36 所示。单击"下一步"按钮,进入"选择备份文件位置"对话框。

2) 从"选择备份文件位置"对话框中可以看出,源文件夹可能在本地机器上,也可能在

FTP 服务器上。这里选择 C 盘的一个文件夹,如图 3-37 所示。之后单击"下一步"按钮,进入备份文件保存位置对话框。

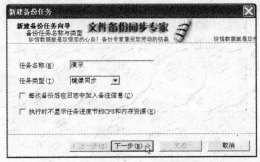

图 3-36　备份任务与名称对话框

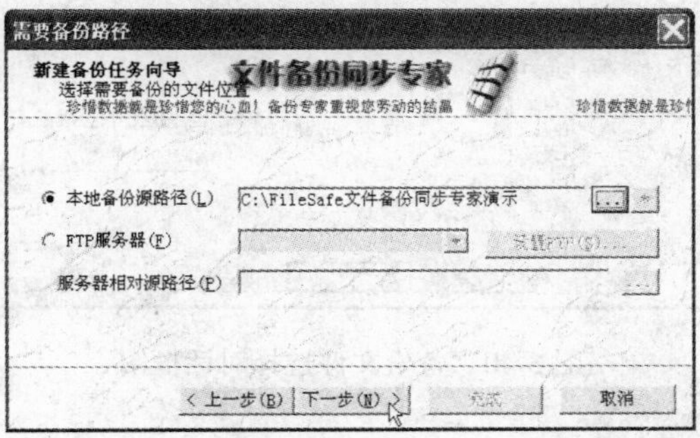

图 3-37　设置备份文件位置

在这里,如果选择的是本地路径,也有两种情况:第一种情况是指定本地机器上的文件;第二种情况是指定局域网内另外一台机器上的共享目录中的文件。对于局域网共享目录,可以单击" * "按钮设置登录共享目录的用户名和密码。

如果源文件在 FTP 服务器上,还必须先设置 FTP 信息,选择好 FTP 服务器后,再选择 FTP 服务器上源文件所在的路径。

3）在"备份文件保存位置"对话框中,保存位置也分为:保存至本地和保存至 FTP 服务器两种。如果选择"保存至 FTP 服务器",则 FTP 的相关设置和上一步一样。在此选择 D:\ backup 作为保存位置,如图 3-38 所示。为了节省硬盘空间,还可以选中"备份文件压缩"选项,并且为它设置访问密码,如图 3-39 所示。

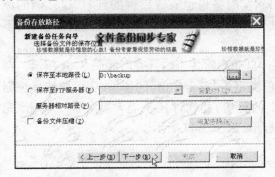

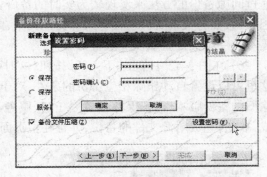

图 3-38　备份文件保存位置对话框

图 3-39　"设置密码"对话框

4）设置好备份文件保存位置后,单击"下一步"按钮进入"备份文件过滤"对话框,如图 3-40 所示。在这一步中,不仅可以对具体文件进行选择性备份,而且还可以在面对大文件时利用文件名过滤功能进行筛选。在这里文件名既可以是特指的文件名也可以用通配符来表示,如图 3-41 所示。

5）文件过滤完成后单击"下一步"按钮,进入设置"自动备份"对话框,如图 3-42 所示,在这个对话框中软件为用户提供了五种自动启动备份的方式:每月某日、每星期某日、每日,或者间隔多少时间自动启动备份一次,或者实时备份,即当源文件夹中内容发生变化后,自动启动备份任务,进行备份。

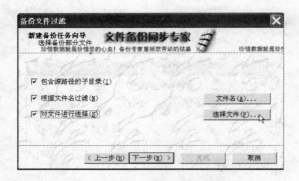

图 3-40　备份文件选择对话框图

图 3-41　文件名过滤

图 3-42　设置自动备份

　　值得说明的是：如果源文件是 FTP 服务器上的文件，此软件没有办法实时监控，但是可以通过间隙备份的方法来实现较为实时的备份。当然实时备份也有 3 秒钟的延时，这样做的原因是，假如有很多文件正在写入源文件夹中，此软件等待数据都写入完后统一进行备份，而不是写入一个文件就触发一次备份。

　　6）在图 3-42 中单击"下一步"按钮，这时弹出"自动删除备份"对话框，如图 3-43 所示。在这里可以设置自动删除相应备份的条件，对于备份类型为"完全备份"的备份，还可以选择性删除旧的备份版本；对于保存位置是 FTP 服务器上的备份，此软件还不能自动删除。单击"完成"按钮，完成对源文件的备份，并且在主页面中显示，如图 3-44 所示。

图 3-43　设置自动删除

图 3-44　完成后的主界面

3.4.3 "FileSafe文件备份同步专家"的基本设置

1. 设置FTP服务器

在新建任务的第二步中,假如选择"FTP服务器"选项,则需要对FTP服务器进行设置,单击如图3-37中的"设置FTP服务器"按钮,这时弹出"添加删除FTP服务器"对话框,然后在此对话框中单击"添加"按钮,随后弹出如图3-45所示的FTP服务器设置对话框,在其中输入FTP地址、用户名、密码等信息之后,单击"确定"按钮完成FTP服务器的设置并进行保存。

图3-45 FTP服务器设置对话框

值得注意的是,在图3-45中"调用简称"是指备份任务调用的名称,因为在某些时候一个FTP服务器可能对应多个备份任务,为了区分这些备份任务,就要为它们起一个名字,作为每一个FTP服务器的记录。剩下的需要填的内容都是登录FTP服务器所需要的信息。

如果用户所在的机器是在内网,则必须使用PASV被动模式;如果FTP服务器上有防火墙,且只开放了某些端口,则必须使用主动模式。

2. 设置任务的相关属性

在建立两个以上备份任务时,任务相关性就被激活了,它们执行起来就有先后顺序之分,或者说在执行某一任务之前,有必要先去执行其他几个相关任务。在设置任务相关性以后,任务不仅可以单独执行,也可以进行相关性执行。在图3-46中已经建立了两个备份任务,单击图3-46中鼠标所指的" "图标 或者执行"工具→任务相关性"命令,弹出如图3-47所示的界面,勾选需要相关的任务,然后单击"确定"按扭,完成任务相关性的设置。

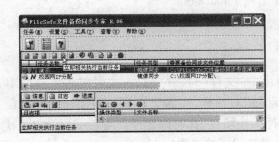

图3-46 建立两个备份任务

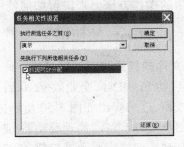

图3-47 任务相关性设置

在执行相关性任务时,备份任务会先执行它的前置任务,等前置任务都执行完后,最后再执行自己。值得说明的是,如果是手动执行任务,可以分别选择单独执行和相关执行;如果任务由软件自动启动时,除实时备份类型以外,其他都可以进行相关性属性设置。

3.5 数据恢复工具——FinalData

经常使用电脑,久而久之难免会出现由误删除、误格式化所引起的数据丢失,但这时候大部分数据仍没有被破坏，使用软件重新恢复相关联的话，还是可以读出数据的。这节就介绍一款叫做"FinalData"的反删除数据恢复工具，它是一款较为简单且功能强大的数据恢复工具，能恢复完全删除的数据和目录并保证原有的目录结构，能恢复快速格式化的硬盘和软盘中的数据，还能够通过网络远程控制数据恢复等。

3.5.1 安装 FinalData

这里就以 FinalData v2.0 绿色汉化版为例子，给大家介绍一下 FinalData 的安装与使用。双击软件图标，在第一次运行的时候会弹出如图 3-48 所示的"用户信息"对话框。在这里需要输入用户信息和序列号，然后单击"确定"按钮完成对 FinalData 的安装，随后即可进入 FinalData 的主界面，如图 3-49 所示。

图 3-48 "用户信息"对话框　　　　　　图 3-49 FinalData 的主界面

可以看出主界面由菜单栏、工具栏、目录区域和目录内容区域组成，显得非常简洁。下面就从常用的操作方法上来讲解如何使用数据修复工具 FinalData。

3.5.2 FinalData 的使用

1. 文件的打开与驱动器扫描

1）启动 FinalData 企业版 v2.0 后，执行菜单中的"文件→打开"命令，或者单击工具栏中的打开按钮，这时弹出如图 3-50 所示的"选择驱动器"对话框，在这里选择被删除的文件所在的驱动器盘符，或者在"物理驱动器"选项卡中选择某块硬盘，此时以选择驱动器 D 为例，然后单击"确定"按钮进行驱动器扫描，图 3-51 所示为正在扫描的过程。

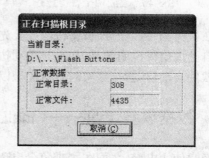

图 3-50 选择驱动器　　　　　　　图 3-51 扫描已经存在的文件目录

2）初步扫描结束以后，软件会让用户来选择以簇为最小单位的搜索范围，如图 3-52 所示，假如知道刚刚误操作删除文件所在的大致位置，就可以通过"起始"和"结束"滑杆来调整位置，这样做的目的是大大缩短扫描的时间。调整完成后单击"确定"按钮，弹出如图 3-53 所示的"簇扫描"对话框。

图 3-52　搜索范围对话框

图 3-53　簇扫描

3）经过一段时间的等待，扫描完成以后结果将以目录形式显示在窗口中，如图 3-54 所示。在窗口的左侧区域将会出现 7 类项目组，选中某类项目其文件的具体信息将会显示在窗口的右侧区域。

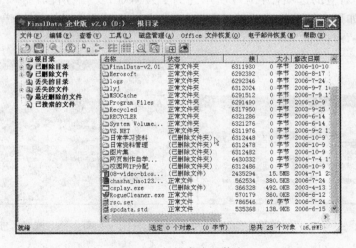

图 3-54　扫描完成的信息

提示：当文件被删除的时候，其实只有文件的第一个字符被删除，大量的数据还是保存在硬盘中没有被彻底删除。FinalData 就是扫描数据区来查找被删除的文件的。

2．恢复文件

在主界面右侧的窗口中找到需要恢复的文件或文件夹，单击鼠标右键，在右键菜单中选择"恢复"选项，如图 3-55 所示。这时弹出"选择目录保存"对话框，如图 3-56 所示。对话框上面的"FAT"设置和文件系统有关。如果使用的是 FAT 文件系统，选择"FAT"选项。如果文件系统使用的是 NTFS，则软件自动选择"无 FAT"选项，并处于不可选状态。

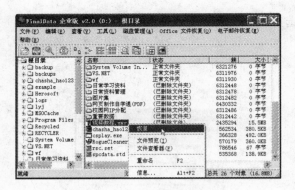

图 3-55　数据恢复右键菜单

图 3-56　选择保存位置

值得注意的是，当选择输出保存文件路径时，最好不要把数据保存到根目录，最后单击"保存"按钮，即可完成对文件的恢复。

3．Office 文档的修复

1）启动 FinalData，在其主界面上单击工具栏中的打开按钮，这时弹出"选择驱动器"窗口，在窗口中选择目标驱动器。

2）设置扫描相关数据。参看本小节"文件的打开与驱动器扫描"中的 1 至 3 步。

3）在扫描结束后，查找已经被删除的 Office 文档，然后根据这个文档类型从菜单"Office 文档恢复"中选择对应的选项，图 3-57 所示的例子为 Word 文档，所以选择"Microsoft Word 文件修复"选项。（如果文档的格式不符，则相对应的菜单选项不可选），这时弹出如图 3-58 所示的"读取文件信息"对话框。

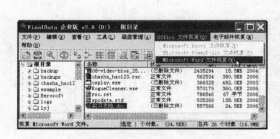

图 3-57　Office 文件恢复

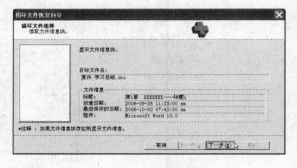

图 3-58　读取文件信息

4）单击"下一步"按钮，弹出"文件损坏率检查"对话框，单击"检查率"按钮，检查文件损坏的程度，损坏级别显示在右边的窗口中，对话框下部是对于损坏级别的说明，如图 3-59 所示。本例中 Word 文档损坏的级别为"L4"，可以初步断定此文档恢复的希望已经不大。

5）在图 3-59 中单击"下一步"按钮，弹出"恢复文件"对话框，在这个窗口中勾选"恢复所有格式"选项并且选择保存文件位置，然后单击"开始恢复"按钮，如图 3-60 所示，开始对文件进行恢复，最后单击"完成"按钮完成此项操作。

4．格式化磁盘后的恢复

FinalData 不仅可以恢复一般性的误删除文件，而且还可以恢复已经格式化了的硬盘或软盘中的数据，要说明的是这里的硬盘或软盘是指"快速格式化"的磁盘，对于"完全格式化"的磁盘 FinalData 无力恢复。

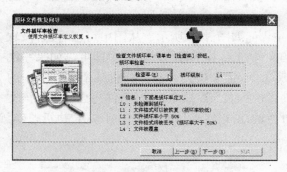

图 3-59　检查文件损坏率对话框

图 3-60　恢复文件

格式化磁盘后的恢复操作步骤与前面所讲的方法基本相同,就是等到扫描结束的时候,在菜单栏执行"编辑→全部选择"命令进行保存,才能完全恢复被格式化的数据。

最后要说明的是,FinalData 是挽救数据不得已的方法,千万不能将 FinalData 当作数据的保险箱,恢复误删除的文件并不是都能成功,假如删除文件后马上对所在盘符进行写操作,那么刚刚删除的数据极有可能被新数据所覆盖或者所占空间已经分配给其他文件使用,这样文件也就不能够恢复了。因此,对重要的数据资料要经常备份。

3.6　文件的彻底删除与分割合并

有的时候,出于隐私的考虑,需要把某些文件信息从电脑中彻底删除,使其不能通过 FinalData 等反删除软件进行数据恢复,那么就要借助于第三方软件来删除重要的文件信息。另一方面,虽然目前硬盘的容量与日俱增,但是在有些特殊情况下还是需要对某个单独文件进行分割、合并、伪装等操作。那么,这一节就介绍两款简单易学的工具软件。

3.6.1　文件粉碎机 FileRubber

1. 彻底删除的原理

文件存放在硬盘中是由文件头和数据区两部分组成的。在文件头中记录着文件属性、名称、占用簇号等有关信息,并映射到文件分配表中,而数据区则是存放真实数据的地方。当用户进行普通删除操作时,系统仅仅是修改了文件头的内容,将其标记为已删除,并在文件分配表中对应的项清零,释放空间,而真正的数据还是在原来的地方,并没有被抹掉,只当新的数据写入后,才算真正将其覆盖。通常,在 DOS 环境下使用的 Fdisk 和 Format 命令都是只修改了文件分配表,都没有将数据删除。

而彻底删除工具就是利用这个原理,在删除时不是仅仅把文件分配表做修改,而且还把大量无用的数据反复写入被删除文件对应的数据区,进行多次覆盖操作从而达到彻底删除的目的。

2. 文件粉碎机的安装与使用

从互联网上搜索该软件的安装程序,目前"文件粉碎机"的最高版本是 v3.96,将其下载后,双击"文件粉碎机"的安装图标,这时进入"安装向导"对话框,如图 3-61 所示,单击"下一步"按钮,依次进入"选择目标位置"、"准备安装"、"安装向导完成"三个对话框,在最后一个对话框中单击"完成"按钮,结束对本软件的安装。

双击桌面上的图标,运行"文件粉碎机",其主界面如图 3-62 所示。从图中可以看出,该软件界面非常简单,在使用时仅仅需要把要删除的文件拖入主界面的列表框中即可。如果一次想要选中多个不同文件,还可以按住〈Shift〉键或〈Ctrl〉键来操作。假如要将某个文件夹中的所有文件全部删除,同样是将这个欲删除文件夹直接拖入列表框中,此时软件将自动添加该文件夹中所有包含的文件,由于这种删除操作不可逆转,所以在确认文件无误后单击"执行粉碎"按钮,这时软件开始对选中文件进行彻底删除。

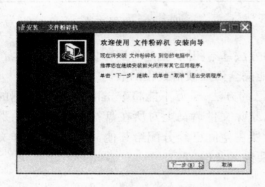

图 3-61　文件粉碎机安装向导　　　　　　　　图 3-62　文件粉碎机主界面

假如不想删除已经添加到文件列表中的文件,可以在文件列表中选择这些文件,单击主界面中的"移除"按钮,将选中的某些文件移除。同样,还可以直接单击"清空列表"按钮,移除所有已添加的文件。

"文件粉碎机"的使用非常简便,删除操作的时间也非常短,对于重要文档、机密文件使用此软件非常安全。值得注意的是,用此款软件删除的文件将不可再用其他工具恢复,在做删除操作时,请小心谨慎。

3.6.2　分割与合并 Love Machine

1. 分割合并的原理与过程

文件分割的原理实际上就是对源文件重新读写、保存的过程。一般的流程是,首先把源文件按照设定好的容量计算应该分割成几个部分,然后从头开始读取源文件设定好的一个容量数据,写入目标文件,再读取源文件的一个容量数据,再写入目标文件,这样直到源文件被读取完全。而文件合并则可以看作是分割操作的逆操作,首先新建一个文件,再将分割后的小文件按照次序,依次写入新文件,直到所有分割的文件被写入同一个文件,这样文件合并操作也就完成了。

2. Love Machine 的界面介绍

从互联网上下载 Love Machine 软件。该软件不需要安装,直接解压缩就可使用,首次运行时,主界面如图 3-63 所示。软件功能首先分为"分割结合"与"文件清单"两大部分,"分割结合"中又分为"分割"、"再分割"、"结合"三小部分。单击某个文本标签,可以修改对应的选项,界面的右边是文件列表,分割、合并后的结果将在此显示。

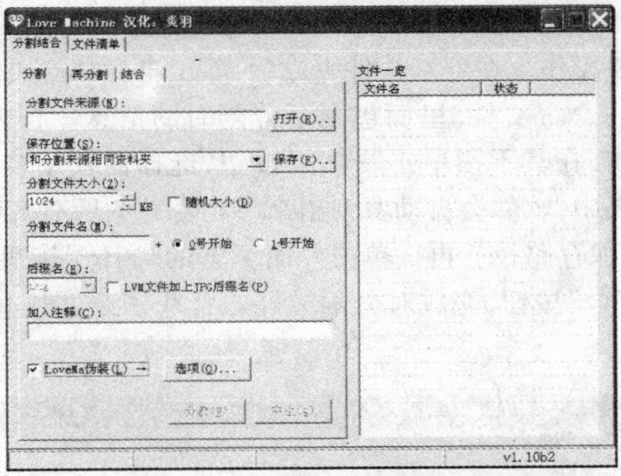

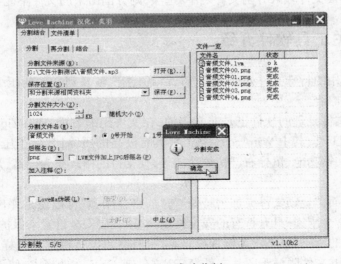

图 3-63　Love Machine 的主界面

3. Love Machine 的常用方法

(1) 分割文件

首先运行该软件,选中"分割结合"中的"分割"标签,单击其中的"打开"按钮,选择要分割的文件,这里以分割 MP3 作为例子。在"选择保存位置"后面单击"保存"按钮,为分割后的文件选择保存路径,随后在"分割文件大小"选择框中,为分割后单个文件自定义大小,这里我们选择 1024KB。"分割文件命名"中还可以重新命名,并且在后面单选框中选择分割文件的编号方式,在不勾选"LoveMa 伪装"选项的前提下,可以对分割文件的后缀名进行修改,如果选择"txt"后缀,则分割后的文件以文本文档的形式表现出来,双击打开这些文本文档,里面全是乱码。这里以选择后缀名为"PNG"的格式为例,最后单击"分割"按钮,这时在主界面右面的窗口中就会显示分割文件的状态,分割结束后弹出确认成功对话框,分割后的结果如图 3-64 所示。

图 3-64　成功分割

（2）合并文件

合并文件是分割的逆操作。在分割文件完成后，除了自身分割成的小文件以外，Love Machine 还自己生成一个 LoveMa 文件，里面包含了分割时的信息。合并文件的具体操作如下：首先选择"结合"文本标签，在其下面单击"打开"按钮，选择需要结合文件的"LoveMa 文件"，选择完成后在右面的列表中，软件会自动罗列出来参与合并的所有文件。其次，单击"保存"按钮，为合并后的文件选择保存路径。再次单击界面下方的"测试"按钮，进行结合前测试，确保结合成功。最后单击"结合"按钮，完成对分割文件的合并任务，图 3-65 所示为合并成功后的界面。

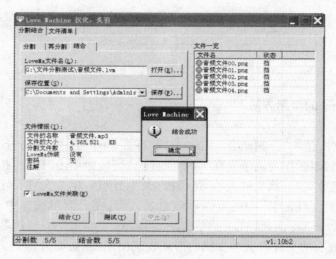

图 3-65　合并成功

值得注意的是，如果在分割前设置时，在图 3-63 中单击"选项"按钮，在弹出来的对话框中勾选其中的"LoveMa 文件埋入分割文件之中"选项，则分割出来的文件不能再重新合并。

3.7　其他相关工具软件介绍

本章主要对常用的特殊文件处理方法进行讲解，主要涉及到文件的压缩、加密、备份和数据恢复四个方面的内容。

另外，所涉及文件处理的软件也是非常多的，在文件压缩方面：Win-Zip、7-Zip、WinAce 都是非常有名的压缩工具，其中 WinAce 压缩工具具有极高的压缩比，除了压缩与解压缩方面，还支持分片压缩、加密功能、鼠标右键快显功能等，其支持的格式更为丰富，是文件压缩方面的又一强大工具。

在文件加密方面："金锁文件夹加密特警"与"加密金刚锁"可以说是评价比较高的两款加密软件。其中"加密金刚锁"具有特有的安全机制，它用三层安全设置来保护文件，第一层是可以设置长达 100 位的密码，第二层是设置授权盘，只有密码没有授权盘同样不能破解该文件，第三层是将加密后的文件隐藏于图片文件、MP3 文件或 EXE 文件当中，使用户无法从表面上发现加密文件。此外，加密金刚锁还可以对批量文件进行处理，特别是可对整个目录树下的所有文件可一次性地进行加密、解密、打包为 EXE 文件。

在文件备份方面:数据备份和还原操作的 GRBackPro 和具有很高评价的网络还原精灵都深受用户的欢迎。其中 GRBackPro 是专业的数据备份软件,除了常用功能外还同时兼顾还原操作的特色功能;网络还原精灵主要用于网吧的电脑管理,其可以实现远程维护,硬盘对考等多种功能。

在数据恢复方面:CDRoller、R-Studio 也是两款功能强大的数据恢复工具。其中,CDRoller 主要用于 CD 数据的恢复,而 R-Studio 除了正常的数据恢复功能外,还支持网络磁盘的数据恢复,能恢复 FDISK 或其他磁盘工具删除过的数据和病毒破坏的数据,另外 R-Studio 还为用户提供了完整的数据维护方案,是解决此类问题的好帮手。

通过这些软件的讲解与介绍,希望用户能熟练掌握文件处理软件的用法,以便提高工作效率,在此也希望读者根据自身需要触类旁通,灵活运用此类软件。

3.8　习题

1. 常见的压缩格式有那些?
2. 如何快速打包压缩文件?
3. 利用 WinRAR 将"我的电脑"中的多张图片压缩,并重命名为 myphoto.rar,最后为压缩文件设置密码,保存在 D 盘中。
4. 能否在一台没有安装文件夹加密超级大师软件的电脑上打开已经通过此软件加密的文件? 如可以,怎么实现?
5. 闪电加密与隐藏加密有什么区别?
6. 使用 FileSafe 文件备份同步专家能否实时监控源文件是 FTP 服务器上的文件?
7. FinalData 在任何情况下都能恢复已经丢失的数据吗?
8. 在 D 盘中创建一个文件夹,将有关文件复制到该文件夹中,随后再将这个文件夹删除,使用 FinalData 软件恢复刚才删除的文件夹,并把恢复的文件夹保存在 C 盘。
9. 数据丢失以后再安装 FinalData 还能恢复数据吗?

第 4 章　磁盘工具软件

计算机中所有的信息都是存放于磁盘中。目前硬盘容量已经越来越大,如果事先没有进行认真规划,那么使用一段时间后需要进行重新分区或重装系统就非常麻烦,同时也会由于操作失误导致硬盘中所存放的文件资料丢失。因此,这就需要用户利用磁盘工具软件对磁盘进行合理的规划和有效的管理。

4.1　磁盘管理工具软件介绍

目前磁盘工具软件有很多,本章主要介绍有关磁盘的一些常用管理工具和操作技巧。其中包括,在没有安装其他磁盘工具软件的情况下,使用 Windows XP 自带的“磁盘管理”对计算机的磁盘进行分区、管理;使用 PartitionMagic 软件在不破坏现有数据的情况下创建、删除、合并、拆分、隐藏磁盘分区,无损数据地调整分区大小,在各种文件系统间自由转换,在主分区和逻辑分区之间转换,隐藏分区、设置分区为活动状态等;使用 Ghost 工具对硬盘数据或分区进行系统、文件备份和恢复等。

4.2　Windows XP 的“磁盘管理”

在 Windows 98 环境下,当购买一台新安装的计算机或更换了一块新硬盘,首先需要通过软盘启动计算机,才能安装 Windows 操作系统及继续其他操作。由于软盘受外界影响较大(磁化、受潮等),加上软盘的容量较小(1.44MB)和速度慢的原因,人们逐渐放弃使用软盘,取而代之的是 USB Flash 盘(也称“闪存盘”或“U”盘)。它使用 USB 接口与计算机连接,使用时将其插入 USB 接口即可。随着计算机的不断发展,Windows 2000/XP/2003 逐渐取代了原来的操作系统 Windows 98。在 Windows 2000/XP/2003 环境下,只需将 Windows 2000/XP 安装光盘放入光驱,即可按照光盘安装提示对硬盘进行分区。所以,本节介绍 Windows XP 的磁盘管理器的主要功能和使用方法,有关 Windows 启动盘的内容不再赘述。

在 Windows 2000/XP/2003 中,系统自带了一个用于磁盘管理的工具——“磁盘管理”。“磁盘管理”管理单元是用于管理各自所包含的硬磁盘和卷,或者分区的系统实用程序。利用“磁盘管理”,可以初始化磁盘、创建卷、使用 FAT、FAT32 或 NTFS 文件系统格式化卷以及创建具有容错能力的磁盘系统。“磁盘管理”可以执行多数与磁盘有关的任务,而不需要关闭系统或中断用户,大多数配置更改将立即生效。“磁盘管理”尤其适用于在安装了容量较大的硬盘的情况下使用。

Windows XP 的“磁盘管理”提供了许多新的功能,并以其简化的任务和直观的用户界面,使其非常易于使用。Windows XP 提供两种类型的磁盘存储:基本磁盘和动态磁盘。基本磁盘包含有基本卷,例如主分区、扩展分区和逻辑驱动器。可在便携机上或准备在同一磁盘的不同分区上安装多个操作系统时使用基本磁盘。动态磁盘包含了可提供基本磁盘所不具备的功能的动态卷,例如创建容错卷的功能。有关"卷"和"动态磁盘"的概念主要应用于服务器环境,本书不作重点解释。一般个人计算机应将磁盘类型设置为"基本磁盘",而不是"动态磁盘"。

4.2.1 启动"磁盘管理"

首先要打开"计算机管理",单击"开始",在"开始"菜单中单击"控制面板"。双击"管理工具",然后双击"计算机管理",即可打开"计算机管理"窗口。或者用鼠标指向 Windows XP 桌面上"我的电脑"图标,单击鼠标右键,在弹出的快捷菜单中选择"管理"命令,打开"计算机管理"窗口,如图 4-1 所示。在左边控制台树中单击"磁盘管理",右窗格中将以图形和列表方式显示当前计算机磁盘分区列表以及相关信息,如驱动器号、布局、类型、状态、容量、空闲空间、是否容错等。

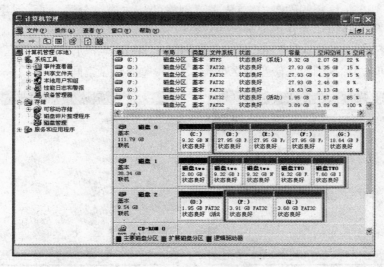

图 4-1 "磁盘管理"窗口

可以看出,本例计算机安装有 3 块硬盘,其中"磁盘 0"、"磁盘 1"、"磁盘 2"分别为 120GB、40GB 和 10GB 硬盘。

4.2.2 创建及删除磁盘分区

磁盘分区分为两种情况:第一种是在全新硬盘上创建分区,新买的硬盘均需经过分区和格式化,才能在 Windows2000/XP/2003 系统下安全地使用;第二种是在原有已划分磁盘分区的硬盘上重新划分磁盘分区。第二种情况需先将原有磁盘分区删除,再重新创建磁盘分区。本节将以第二种情况为例,在硬盘"磁盘 2"上重新创建两个大小基本相同的分区,说明其操作方法。

1. 删除磁盘分区

如图 4-1 所示,"磁盘 2"已经分为 2GB、4GB 和 4GB 三个分区。在重新划分磁盘分区之前,首先应将原有磁盘分区删除。在"磁盘管理"窗口中将鼠标指向需删除的磁盘分区,单击右键,在弹出的快捷菜单中执行"删除磁盘分区"命令。系统弹出警告信息框,提示用户此操作将删除分区中所有数据,确认无误后可单击"是"按钮继续。经过一段时间的数据处理,"磁盘 2"

53

的状态由原来的"状态良好"变为图 4-2 所示的"未指派"。

图 4-2　被删除分区后的"磁盘 2"

2．创建主磁盘分区

将鼠标箭头指向标记为"未指派"的分区,单击鼠标右键,在弹出的快捷菜单中单击"新建磁盘分区"命令,启动磁盘分区向导。当出现"欢迎"界面后,单击"下一步"按钮。

在如图 4-3 所示的界面中需要指定当前创建的是"主磁盘分区"、"扩展磁盘分区"或是"逻辑驱动器"。一般在一块新的硬盘中,首先需要创建的是主磁盘分区,而后创建的是扩展磁盘分区,逻辑磁盘分区必须建立在扩展分区中。

本例选择了"主磁盘分区"后,单击"下一步"按钮。在图 4-4 所示的对话框中,需要指定该分区占用的空间大小,本例为主磁盘分区分配了约 50％的磁盘空间,单击"下一步"按钮。

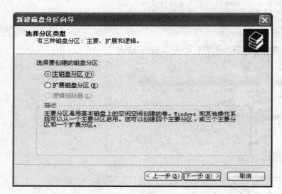

图 4-3　选择分区类型

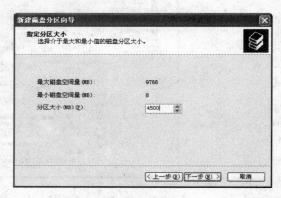

图 4-4　指定分区大小

在图 4-5 所示的对话框中,需要为该分区指定一个驱动器号,一般可采取默认值。单击"下一步"按钮。在图 4-6 所示的对话框中,需要为该分区选择文件系统类型,如本例的"FAT32"。

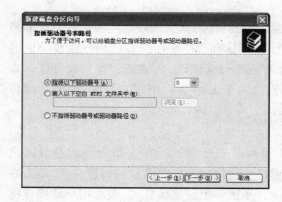

图 4-5　指派驱动器号

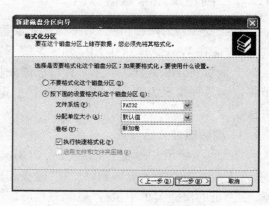

图 4-6　指定文件系统类型

另外用户可根据需要指定每个分配单位的大小和磁盘卷标。选择"执行快速格式化"复选框,可在处理过程中完成对磁盘的格式化。设置完成后,单击"下一步"按钮。

在出现的"正在完成新建磁盘分区向导"对话框中,单击"完成"按钮结束操作。磁盘管理器窗口中的磁盘图标如图4-7所示,表示当前系统已经对创建的主磁盘分区完成了格式化处理,格式化完毕后,可以看出磁盘主分区已是"状态良好",如图4-8所示,表明可以使用了。

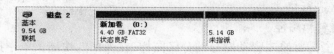

图 4-7　格式化完毕后的磁盘分区状态

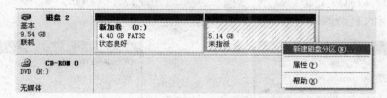

图 4-8　完成主磁盘分区创建

3. 创建扩展磁盘分区及逻辑驱动器

对剩余准备用来创建扩展分区和逻辑驱动器的空间,仍可用上述方法,再次执行"新建磁盘分区"命令。在创建分区向导中,注意此次操作应当选择创建"扩展磁盘分区",其他操作与创建主磁盘分区步骤基本相同。

在图4-9所示的创建完毕的扩展磁盘分区中,单击鼠标右键,在弹出的快捷菜单中执行"新建逻辑驱动器"命令。具体步骤与前述基本相同,用户可按照屏幕提示完成操作。

图 4-9　在扩展磁盘分区中创建逻辑驱动器

创建完毕后,磁盘管理中该磁盘的图标如图4-10所示。前面进行的各种设置,均可在今后需要时通过磁盘管理或后面将要介绍的 PartitionMagic 软件进行变更。

图 4-10　完成分区操作的磁盘状态

4.2.3　管理磁盘分区

在 Windows XP 的"磁盘管理"中,除以上介绍的创建、删除分区外,还提供了一些用于管理磁盘分区的功能。用户可以根据需要修改现有磁盘的驱动号;可以将现有磁盘格式化成

Windows 支持的各种文件系统类型；可以调用"磁盘碎片整理"程序等。

1．磁盘格式化

用鼠标右键单击要格式化(或重新格式化)的分区、逻辑驱动器或基本卷，在弹出的快捷菜单中执行"格式化"命令，打开如图 4-11 所示的对话框。用户需要指定卷标、文件系统类型和分配单位大小及是否执行快速格式化、是否启用文件和文件夹压缩等选项，然后单击"确定"按钮，即可对某一分区进行格式化。

2．更改驱动器名和路径

用鼠标右键单击需要修改驱动器号的分区图标，在弹出的快捷菜单中执行"更改驱动器名和路径"命令，打开如图 4-12 所示的对话框。单击"更改"按钮，打开如图 4-13 所示的对话框。用户可在选中了"指派以下驱动器号"选项后，单击下拉列表框右侧的"▼"按钮，为驱动器选择一个还未被占用的驱动器号。选择完毕后单击"确定"按钮。

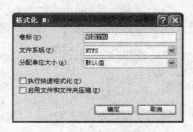

图 4-11　重新格式化分区

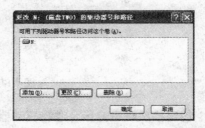

图 4-12　更改现有驱动器号和路径

3．查看分区属性及使用 Windows 磁盘工具

在图形视图或磁盘列表中，用鼠标右键单击某一磁盘，然后单击"属性"，打开如图 4-14 所示的对话框。"属性"对话框显示磁盘以及它所包含的卷信息。如果想查看列出的某个卷的属性，则单击该卷，然后单击"属性"，如图 4-15 所示。单击"常规"选项卡，该对话框中显示磁盘的基本信息，如卷标、分区类型、文件系统类型、已用和剩余空间等。

图 4-13　指派新驱动器号

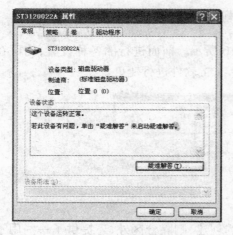

图 4-14　磁盘的常规属性

图 4-15　磁盘分区的常规属性

56

在如图 4-15 所示的"属性"对话框中,单击"工具"选项卡,打开如图 4-16 所示的对话框。其中有 Windows 为用户提供的三个磁盘管理工具:"查错"、"碎片整理"、和"备份"。用户可以分别单击对话框中的"开始"按钮开始执行相应的操作。这些工具使用非常简单,只需按照屏幕提示即可完成操作。图 4-17 所示为执行"查错"操作时的选项设置对话框。

图 4-16　Windows 磁盘工具

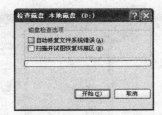

图 4-17　检查磁盘对话框

4.3　无损分区工具——PartitionMagic

PartitionMagic(分区魔术师,简称 PM)是一款无损分区软件,该工具可以在不损失硬盘中已有数据的前提下对硬盘进行重新分区、格式化分区、复制分区、移动分区、隐藏/重现分区、从任意分区引导系统、转换分区(如 FAT<-->FAT32)结构属性等。功能强大,可以说是目前在这方面表现最为出色的工具。

4.3.1　PartitionMagic 的安装和启动

运行 PartitionMagic 安装程序"setup.exe",按屏幕提示进行安装。在软件安装过程中出现安装路径设置对话框,如图 4-18 所示,可以单击"浏览"按钮打开对话框重新设置,也可以在文本框中直接输入新的路径。本节将以 Windows XP 为背景介绍 PartitionMagic 8.0 简体中文简化版的安装和使用方法。

安装完毕后,在桌面上会出现一个"PartitionMagic 8.0"快捷图标。双击该图标或执行"开始"菜单中的相应命令即可启动程序,程序启动界面如图 4-19 所示。

程序启动后,出现如图 4-20 所示的主界面。本例计算机中安装有一块 40GB 硬盘,即"磁盘 1"有 4 个分区(均为 FAT32 分区)。

在主界面中,左窗格中列出了 PartitionMagic 支持的常规分区处理任务和分区操作命令,主分区、扩展分区及 FAT、NTFS 等各种文件系统分别用不同的颜色表示,右窗格的下方显示有各磁盘的详细信息,如磁盘卷标、类型、容量、已用容量和未使用容量等。

图 4-18　选择安装位置　　　　　　　图 4-19　PartitionMagic 8.0 的启动界面

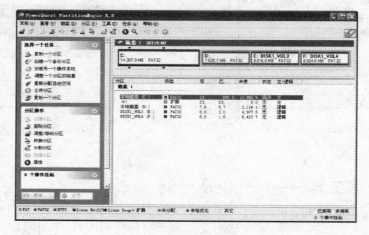

图 4-20　程序主界面

4.3.2　PartitionMagic 的基本功能

1. PartitionMagic 分区调整功能

由于 PartitionMagic 具有保护硬盘数据的功能,所以人们用它最多的也就是重新调整已有分区的大小。

(1) 调整某一分区容量

从主界面的"选择一个任务"窗口单击"调整一个分区的容量"向导,如图 4-21 所示,出现"调整分区的容量"对话框。按提示选择需要调整的分区、欲调整容量(必须在系统提示范围之内),系统就会弹出如图 4-22 所示的界面,要求选择其他被调整的分区。

假如选择了如图 4-22 所示的 E 分区,也就是说,F 分区被减小的容量,被系统自动按比例增加到 E 分区,而 C、D 分区则保持不变。调整后的容量变化可以通过图 4-23 的对比清楚地看到。

(2)重新分配自由空间

这里的自由空间包括未分区部分和已经分区而未使用的空间。操作过程同上,只要按类似如图 4-22 选择被分配的分区,系统也会自动在这些分区中按比例重新分配自由空间,当然所牵涉的分区容量也作了相应的调整。

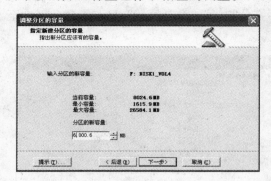

图 4-21 "调整分区的容量"对话框

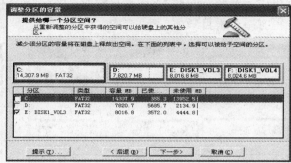

图 4-22 选择释放空间给哪一个分区

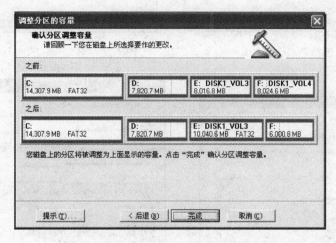

图 4-23 显示调整分区后的磁盘分区状况

（3）合并分区

两个欲合并的分区,必须是相邻的同一格式的分区才行,如都为 FAT32 格式或 NTFS 格式。从主界面的"选择一个任务"窗口中单击"合并分区"向导,打开"合并分区"对话框,单击"下一步"按钮,如图 4-24 所示。

选择两个分区后,系统会提示用户输入一个文件夹名,因为第二个分区的所有文件会被放到第一个分区的这个文件夹中,如图 4-25 所示。按照提示单击"下一步"按钮,出现如图 4-26 所示"的合并分区注意事项"对话框。再次单击"下一步"按钮,出现"合并分区完成"对话框,如图 4-27 所示。单击"完成"按钮,合并分区完成。

由于分区合并后,会导致驱动器号发生变化,如 E、F 分区合并后变为 E 分区。这可能会造成部分程序或快捷方式无法正常使用,所以在合并完分区后,一定要运行 PartitionMagic 的自带工具 DriveMapper,让系统自动搜索并修改有关信息,以保证这些程序能正常运行。

（4）分割分区

如果想要将一个 FAT16 或 FAT32 分区一分为二,这个功能最合适。选择需要分割的分区后,系统会自动分析分区根目录中的文件及其文件夹的情况,在选择了文件夹的去留及新建分区的盘符后,即可由系统根据两分区文件大小,自动在原始分区中分割出一个新分区来。在这里应注意两个问题,一个是具有双系统的分区不宜分割,另一个是原始分区与新建分区中至少得有一个根目录项,不可全搬。

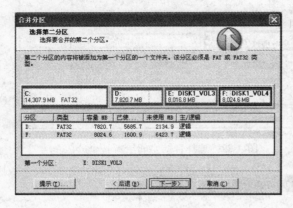

图 4-24　选择第二个分区

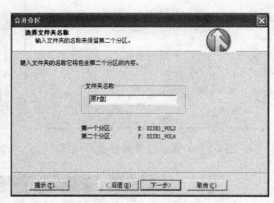

图 4-25　第二个分区被命名为一个文件夹

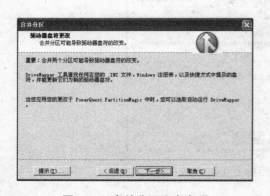

图 4-26　合并分区注意事项

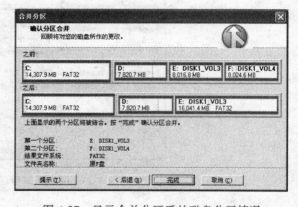

图 4-27　显示合并分区后的磁盘分区情况

2．创建分区

利用 PartitionMagic 可以在一块硬盘中创建新的分区,不管这块硬盘中有无可分配的空间。

（1）将未分配的磁盘空间分区

如果只想将还未分配的磁盘空间给这个新的分区,只要利用右键快捷菜单"创建",即可立即完成。当然也可以利用"创建新的分区"向导去实现,只不过在选"减少哪一分区的空间"时,取消所有已有分区复选框中的"√"即可(参见图 4-29 所示)。

（2）在已有分区的基础上创建分区

如果硬盘中已经没有未分配的磁盘空间,但还有未使用的空间,而需要创建一个比这个未使用的空间还大的分区,这时用快捷菜单"创建"功能就无能为力了,只能利用"创建新的分区"向导去完成了,如图 4-28 所示。单击"下一步"按钮,在对话框的复选框选择为新分区提供空间的其他现有分区,如图 4-29 所示。

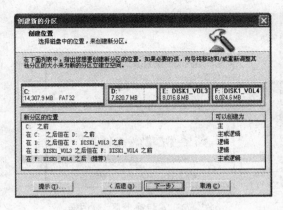

图 4-28　选择新的分区位置

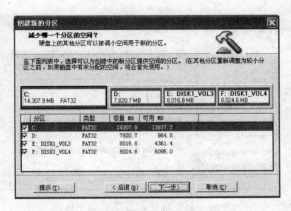

图 4-29　选择为新分区提供空间的其他现有分区

按照向导提示继续单击"下一步"按钮,出现如图 4-30 所示的"分区属性"对话框,在该对话框中可选择容量、卷标和新分区的其他属性。选择后确认无误则可继续操作。最后,根据向导提示完成创建分区任务,如图 4-31 所示。在该对话框中,可以看到新创建的分区及有关特性。

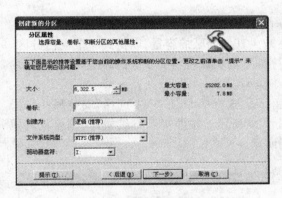

图 4-30　新分区属性设置

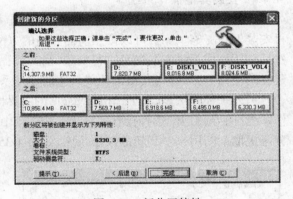

图 4-31　新分区特性

分区操作完成后,单击提示框中的"确定"按钮回到主界面,单击界面上的"退出"按钮,程序给出警示框,提示用户系统需要重新启动才能使分区生效。单击"确定"按钮,重新启动系统,分区创建结束。创建分区完成后,重新打开主界面,可以看到在右窗格下方显示出刚才创建的分区,如图 4-32 所示。

在已有分区的硬盘中创建新分区时,系统默认新分区建在原分区的最后,当然也可以建在如 D、E 分区之间,不过这样会使较多分区的盘符要发生变化,对应用程序的运行不利,在实际应用时请注意这一点。

3. 分区格式转换

在主界面中右击需要转换的磁盘分区,例如 F 分区,在弹出的快捷菜单中选择"转换"命令,打开如图 4-33 所示的"转换分区"对话框。在该对话框中选择转换后的分区格式,例如为 NTFS 格式,单击"确定"按钮返回主界面。主界面上显示有一个操作被挂起,单击"应用"按钮开始转换。

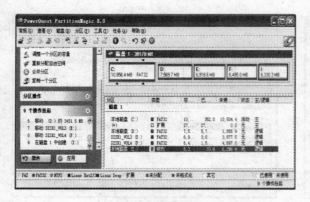
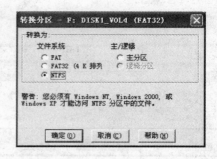

图 4-32　创建新分区后的主界面　　　　　　图 4-33　"转换分区"对话框

一般的应用程序都不支持从 NTFS 到 FAT32 或 FAT 的转换，而用 PartitionMagic 则可以轻易地实现。它还支持主分区与逻辑分区之间的转换。应注意的一点就是转换后分区格式之间的兼容问题，以及大于 2GB 的分区格式选择问题，千万不要将这样的分区转换成 FAT 格式，否则会丢失很多的数据。

4．安装其他操作系统

有时需要在同一台计算机上安装多个操作系统，例如计算机中已经安装有 Windows XP，再安装 Linux 等。一般可以按照前面介绍的方法减少其他分区的容量，以得到一个空白分区。然后使用操作系统安装光盘进行安装，当安装程序提示操作系统将要安装的位置时，选择刚才建立的空白分区，并将其格式化成希望的文件系统类型即可。

另外一种方法是，在 PartitionMagic 的主界面上从"选择一个任务"中选择"安装另一个操作系统"向导，打开"选择操作系统"对话框，如图 4-34 所示。按照提示继续操作，则可从其他分区提取空间用来安装新的操作系统，如图 4-35 所示。

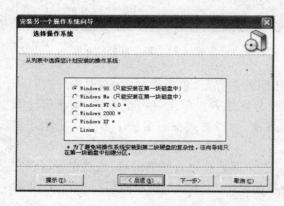
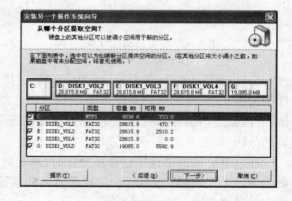

图 4-34　选择操作系统　　　　　　　图 4-35　"提取空间"对话框

4.3.3　PartitionMagic 的设置

1．设置隐藏分区

如果计算机保存的某些备份文件不希望被其他人访问，而且这些文件不经常使用，可以使用 PartitionMagic 将某个已存在的分区设置为隐藏状态,以达到保护文件的目的。

隐藏分区的操作为:在主界面中选择需要隐藏的分区,单击"分区"菜单中"高级"子菜单中的"隐藏分区"命令,在弹出的"隐藏分区"对话框中单击"确认"按钮即可,如图 4-36 所示。

让隐藏的分区显示出来,可以参考上述步骤,即在主界面中选择被隐藏的分区,单击"分区"菜单中"高级"子菜单中的"显现分区"命令,在弹出的对话框中单击"确认"按钮即可,如图 4-37 所示。

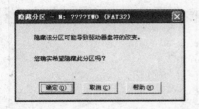

图 4-36 确认隐藏分区

图 4-37 显现隐藏分区

2. 撤销操作

在实际应用过程中,只要未实施最后一步"完成"或"应用更改",均可用"撤销"恢复前面的所有操作,直到满意为止。以免由于失误造成不必要的损失。这是其他软件所无法比拟的。

尽管 PartitionMagic 快捷方式的操作简单快速,图示性强,但还是建议第一次用 Partition-Magic 的用户使用向导操作。此外,分区格式的转换一定要慎重,因为不是任何时候都可以顺利恢复的。在应用所有更改的过程中,千万不可断电或发生其他故障中断,否则会出现意想不到的恶性后果。

4.4 磁盘备份工具——Norton Ghost

通常情况下,当安装好操作系统、驱动程序以及常用软件之后,要做的第一件事就是给系统进行一次完整的备份。Symantec 公司的 Norton Ghost 软件是备份软件的佼佼者。虽然现在有越来越多的软件可以实现类似的功能,例如 Acronis 公司的 True Image,不过 Norton Ghost 以其强大的功能仍然成为用户的首选。

Norton Ghost 10.0 是一个全新的磁盘镜像解决方案软件并适用于家庭和小型的办公室使用者。简单快速地备份系统文件、应用程序、系统设置、文档和其他重要的数据。本节将以 Windows XP 为平台介绍 Norton Ghost 10.0 简体中文版的安装和使用方法。

4.4.1 Norton Ghost 10.0 的安装和启动

Ghost 10.0 的安装非常简单,运行 Norton Ghost 10.0 的安装包或安装光盘中的安装程序"setup.exe",按屏幕提示进行安装即可,如图 4-38 所示。

在安装进行到最后有一点需要注意,那就是安装程序需要验证该计算机的硬件是否已经被 Ghost 的恢复环境所支持,其实主要是看网络设备以及存储设备的支持情况。当出现如图 4-39 所示的对话框后单击"验证驱动程序"按钮,如果所有设备都被支持,将会看到一个提示对话框,单击"确定"按钮即可继续。安装完成界面如图 4-40 所示,单击"完成"按钮,弹出提示信息框,提示用户需要重启动系统,如图 4-41 所示。

图 4-38　安装程序

图 4-39　驱动程序验证

图 4-40　安装程序完成

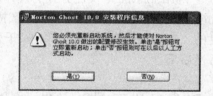

图 4-41　重启系统提示框

　　第一次运行 Ghost 10 的时候还需要进行一个名为"轻松设置"的操作,如图 4-42 所示。通过该操作,可以让 Ghost 立即进行备份,并设置选项。首先选中"使用以下设置定义一个新备份"选项,然后在"名称"框中指定备份工作的名称,在"开始时间"框中设定备份的开始时间,在"目标"框中选择备份出来的文件的保存位置。建议在第一次运行的时候让 Ghost 进行一次备份。

　　在"轻松设置"对话框中还有其他两个重要选项:"只要安装应用程序就创建恢复点"和"立即运行备份以创建第一个恢复点"。建议这两个选项都选中,其中第一个选项可以在以后每安装一个软件的时候都进行一次备份,这样如果发现安装的新软件造成了问题,随时可以用备份的程序恢复系统到安装之前的状态。

　　设置完成后,单击"确定"按钮,开始备份,备份过程如图 4-43 所示。

　　运行第一次备份之后,可双击桌面上 Ghost 10 快捷图标,程序启动后显示如图 4-44 所示的主界面。可以看到 Norton Ghost 10.0 有三个主要视图:"备份"面板、"恢复"面板和"状态"视图。本节将对这三个视图中的各主要功能进行介绍。

图 4-42　"轻松设置"对话框

图 4-43　正在创建恢复点

4.4.2　Norton Ghost 10.0 的基本功能

Norton Ghost 为计算机提供高级备份和恢复功能。通过备份计算机的整个硬盘,保护计算机上保留的文档、照片、音乐、视频或任何其他类型的数据。

1. 定义新的备份

单击主界面左侧的"备份"按钮,可以打开如图 4-44 所示的备份主界面,在这里可以完成所有和备份有关的工作。如果需要立刻开始对系统进行一次备份,可以单击"备份"面板上的"立即备份"按钮,在出现的"定义备份向导"对话框中单击"下一步"继续操作。在如图 4-45 所示的"选择驱动器"对话框中选择驱动器,单击"下一步"。如果选择"定义新的自定义备份",则单击"下一步"继续操作。

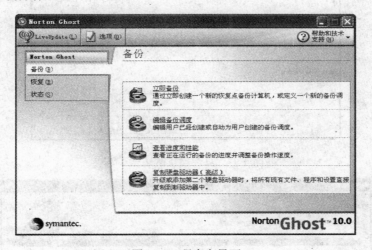

图 4-44　程序主界面

在接下来出现的"备份类型"对话框中,有两种备份类型可供选择,如图 4-46 所示。其中"恢复点集"创建一个基本恢复点以及一些其他恢复点,所用存储空间比独立恢复点少。"独立恢复点"创建选定驱动器的完整且独立的副本,此备份类型需要更多的存储空间。一般推荐选择"恢复点集",单击"下一步"继续。

图 4-45 "选择驱动器"对话框

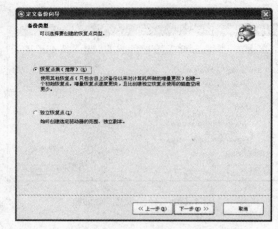

图 4-46 "备份类型"对话框

　　根据提示在如图 4-47 所示的窗口中选择创建恢复点方法:手动(无调度)和调度。如果只希望此备份在选择运行它时才运行,可选择"手动"。如果想要指定 Norton Ghost 运行备份的日期和时间,则选择"调度"。然后单击"下一步","定义新备份"完成,如图 4-48 所示。这里列出了已经创建的备份工作,如果要执行其中的某项工作,只要将其单击选中,然后单击窗口下方的"立即备份"按钮即可。

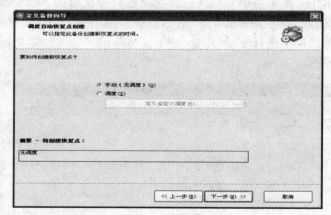

图 4-47 选择创建恢复点方法

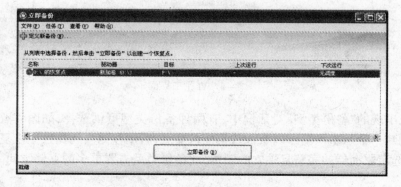

图 4-48 "定义新备份"对话框

2．验证备份

备份完成后，可以通过三种方法确保备份包含有效数据：第一种是定义备份时选择"创建后验证恢复点"选项；第二种是浏览恢复点的内容，确保已经包括要备份的文件；第三种是查阅事件日志，了解有关成功完成备份的信息以及其他信息和错误信息。对于最后一个选项，可以使用"查看事件日志"功能查阅与备份有关的信息和错误，在系统瘫痪时可对系统进行恢复。

3．自动备份系统数据

如果需要让 Ghost 定期自动对系统进行备份，那么可以设置手工备份选项。在图 4-44 所示的界面上单击"编辑备份调度"按钮，就可以打开如图 4-49 所示的"编辑备份调度"对话框。这里列出了所有已经创建的计划备份（此时里面只有一个，为 Ghost 刚安装好时创建的恢复点集备份）。选中要编辑的备份计划，单击"编辑计划"按钮，可以打开如图 4-50 所示的"编辑调度"对话框。除了可以编辑计划执行的频率还有周期，还可以编辑可以触发该计划的事件。通过这些触发时间的互相配合，我们就可以让 Ghost 10 自动对计算机进行备份，并在需要的时候恢复到正确状态。

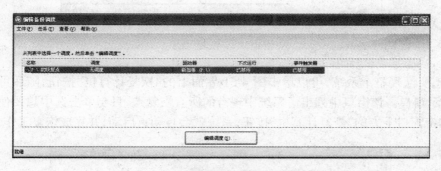

图 4-49 "编辑备份调度"对话框

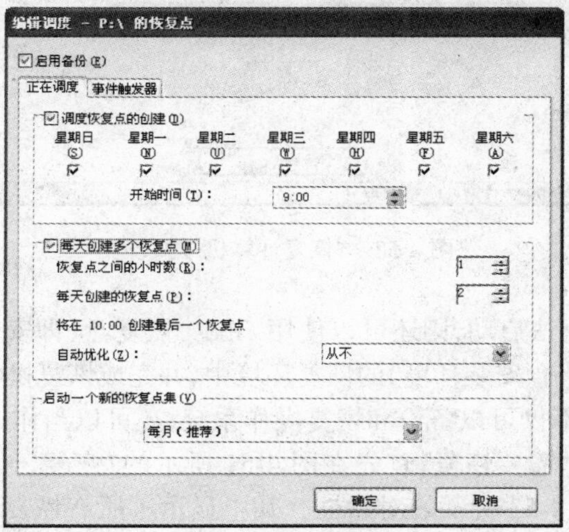

图 4-50 "编辑调度"对话框

当然，编辑或创建的计划也会出现在单击"立即备份"按钮之后出现的计划列表中，这些计划虽然是自动进行的，不过也可以在该列表中选中，单击"立即备份"按钮立即开始。

4．恢复功能

Norton Ghost 10.0 的备份能力强大，恢复功能也非常好用。在 Norton Ghost 10.0 的主界面上单击窗口左侧的"恢复"按钮就可以看到恢复程序的主界面，如图 4-51 所示。

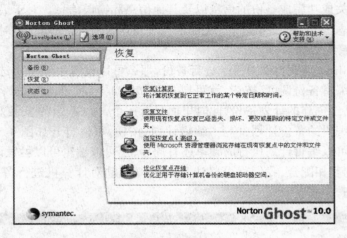

图 4-51　"恢复"面板

如果想要恢复整个系统，可以单击图 4-51 界面上的"恢复计算机"按钮，随后可以看到如图 4-52 所示窗口。该窗口中列出了系统中现有的所有恢复点，只要单击选中想要使用的恢复点，然后单击窗口下方的"恢复计算机"按钮，系统就会自动重启动，并完成恢复工作。

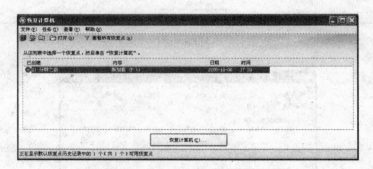

图 4-52　"恢复计算机"对话框

如果系统已经完全无法启动，则还可以使用 Ghost 恢复盘（即安装光盘）引导计算机到类似 Windows PE（Windows 预安装环境）的恢复环境中，并完成恢复操作。

Norton Ghost 10.0 不仅可以备份和恢复操作系统，还可以当作一个备份程序备份和恢复特定的文件。如果有文件需要恢复，首先在图 4-51 所示的"恢复"面板上单击"恢复文件"按钮，然后会出现一个如图 4-53 所示的对话框。其中显示了所有恢复点的列表，在这里选中要恢复的文件的正确版本所在的恢复点，并单击下方的"浏览内容"按钮。这时 Ghost 会自动使用"恢复点浏览器"打开被选中的恢复点，如图 4-54 所示。单击选中要恢复的文件后，单击浏览器窗口下方的"恢复文件"按钮，就可以将文件恢复到原位，或者其他指定的位置。

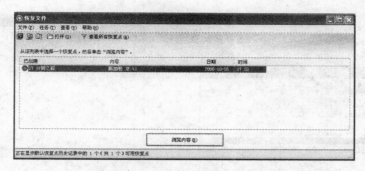

图 4-53 "恢复文件"对话框

5．状态查看

在 Norton Ghost 10.0 的主界面上单击窗口左侧的"状态"按钮就可以看到查看状态程序的主界面,如图 4-55 所示。"状态"面板通过显示计算机的每个硬盘驱动器存在多少个恢复点,以及上次创建恢复点的时间,来提供有关计算机所受保护的程度的信息。它还提供了事件日志,其中显示出现的信息、错误或警告。在该界面上单击"检查备份和恢复状态",即可查看该计算机每个驱动器的详细信息,包括卷标号、受保护级别和状态等,如图 4-56 所示。

图 4-54 选择恢复文件

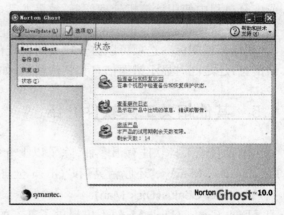

图 4-55 状态查看面板

4.4.3 Norton Ghost 的设置

除了以上所介绍的功能之外,还可以首先对 Ghost 进行一些设置。在主界面上单击窗口上方显示的"选项"按钮,可以打开如图 4-57 所示的"选项"对话框。

"选项"对话框中的四个选项卡用于配置以下默认设置:

"设置"选项:指定备份创建和存储恢复点的默认位置。如果要创建恢复点的位置在网络上,则可以输入用户验证信息。

"通知"选项:如果需要 Norton Ghost 所执行操作的历史记录,或错误信息和警告的历史记录,则可以选择将它们保存在计算机的日志文件中,或者通过电子邮件将它们发送到指定的地址。

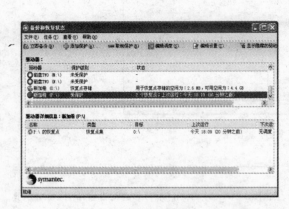

图 4-56 "备份和恢复状态"窗口　　　　　　图 4-57 "选项"对话框

　　"性能"选项：允许指定备份进程或恢复进程的默认速度。将滑块朝"快"的方向移动，会提高程序备份或恢复计算机的速度。但是选择较低的速度，可以提高计算机的性能；如果在备份或恢复过程中使用计算机处理任务，效果尤其显著。在备份或恢复过程中，可以根据需要选择覆盖此默认设置。

　　"任务栏图标"：选项可以打开或关闭系统任务栏图标，指定在出现错误信息时是仅显示错误信息，还是同时显示错误信息和其他信息（如备份完成信息）。

4.5　其他相关工具软件介绍

　　磁盘管理工具软件有很多种，除了以上介绍的三种外，常用的还有"硬盘分区精灵—disk Genius(Disk Man)"、"还原精灵"和"Ghost 全自动系统备份光盘 VL3.2"等。

1．Disk Genius(Disk Man)

　　Disk Genius(Disk Man)不仅提供了基本的硬盘分区功能，如建立、激活、删除、隐藏分区，还具有强大的分区维护功能，如分区表备份和恢复、分区参数修改、硬盘主引导记录修改、重建分区表等；此外，它还具有分区格式化、分区无损调整、硬盘表面扫描、扇区拷贝、彻底清除扇区数据等实用功能。虽然 Disk Genius 的功能很强大，但它的体积较小，只有 143KB。

2．还原精灵

　　"还原精灵"是南京远志公司推出的硬盘还原工具，其作用与常用的硬件"硬件保护卡"完全相同。它可以保护硬盘免受病毒侵害，重新恢复删除或覆盖的文件，彻底清除安装失败的程序，并避免由于系统死机带来的数据丢失等问题，是公用计算机房、网吧等场所理想的系统保护工具。它支持硬盘数据的重启自动恢复、手动恢复和将现有数据添加到保护区的数据转储等功能。

3．Ghost 全自动系统备份光盘 VL3.2

　　"Ghost 全自动系统备份光盘 VL3.2"是一款基于 Norton Ghost 开发的全中文智能化的系统备份恢复文件，简化了备份或还原系统的操作。它完全支持 FAT/NTFS 文件系统，中文界面,操作简单,只要几分钟即可还原系统。使用时,重启电脑放入刻录好的光盘,进入 BIOS 设置从光驱启动,进入操作界面后选择相应的功能菜单即可轻松完成备份还原。但此软件需有刻录设备支持,在使用上有局限性。

4.6 习题

1. 用 Windows XP 的"磁盘管理"对一块硬盘进行分区。要求先将磁盘分区删除到"未指派"状态,然后创建新分区,建立的主分区占整个磁盘容量的 30%。

2. 安装并使用 PatitionMagic 软件,在不破坏磁盘原有数据的情况下,重新调整现有磁盘的分区大小。

3. 使用 PatitionMagic 软件,在不破坏磁盘原有数据的情况下,创建一个新的分区。练习使用"合并分区"、"隐藏分区"等功能。

4. 安装 Norton Ghost 10.0,在安装过程中创建新的恢复点。

5. 使用 Norton Ghost 10.0 创建一个新的备份。

6. 使用 Norton Ghost 10.0 练习恢复系统及恢复文件。

第 5 章　系统优化与维护工具软件

操作系统在经过安装、卸载等操作之后，伴随而来的是操作系统的臃肿和运行的缓慢，让人头痛又让人心烦，如何才能让系统有更快的运行速度呢？如何让系统在不更新硬件的情况下优化现有配置提高运行速度？本章将介绍几款常用的系统优化与维护的工具软件，以便解决上述问题。

5.1　系统优化与维护工具介绍

随着信息技术的发展，计算机已经成为不可缺少的工具，然而面对越来越多的计算机及网络系统的维护和管理问题，如系统硬件故障、病毒防范、系统升级等，如果不能及时有效地处理，将会给正常工作带来影响。本章中在系统优化与维护方面 Windows 优化大师和超级兔子魔法设置具有异曲同工的效果，都是非常出色的系统工具；而磁盘碎片整理工具 Vopt XP 能减少磁盘碎片，提高磁盘读写效率；另外完美卸载 V2006 在应付恶意软件、彻底卸载软件方面又是强有力的助手。

5.2　优化工具——Windows 优化大师

电脑用久了难免会积攒一些垃圾文件，时间长了就感觉系统变慢了。那么怎么样才能让初学者方便安全的删除那些垃圾文件，全面提高系统的性能，修改复杂的注册表信息呢？本文所讲的"Windows 优化大师"是一个不错的 Windows 系统加速和硬盘清理工具，它具有小巧玲珑、操作简单、功能繁多等优点，是初级用户优化系统的首选软件。

5.2.1　Windows 优化大师的安装与启动

这里就拿现在的最新版本 Windows 优化大师 7.5 来做例子，介绍其安装与使用。

从各大软件下载站点都可以下载到此软件，下载完成后运行 Windows 优化大师安装程序，启动安装向导，如图 5-1 所示，选中"安装 Windows 优化大师"单选按钮后，单击"下一步"按钮并按照安装向导的提示进行安装路径的设置，如图 5-2 所示，经过一段时间文件复制软件安装完成。

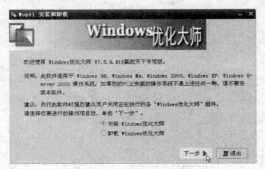

图 5-1　Windows 优化大师的安装界面

图 5-2　设置安装路径

软件在安装过程中,用户可根据需要决定是否在"开始"菜单的"程序"中创建 Windows 优化大师程序组和在桌面上创建 Windows 优化大师快捷方式,这里全部保持默认设置,安装结束以后,在桌面上双击软件图标就可启动 Windows 优化大师了。

5.2.2 Windows 优化大师的使用方法

启动软件以后出现如图 5-3 所示的主界面。界面非常简洁直观,左边是页式标签,每本标签代表一类,每个标签下面又分十几项功能子菜单,可以对具体某方面进行优化设置。右边还提供给用户自动优化和自动恢复功能,它能够根据计算机的配置对系统进行自动优化和自动恢复。

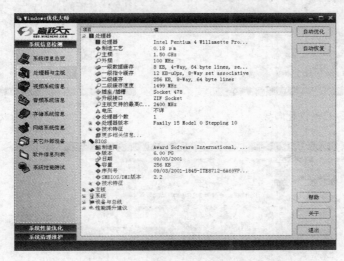

图 5-3　Windows 优化大师的主界面

下面将向大家详细介绍 Windows 优化大师的使用方法。

1. 系统信息检测与自动优化

该模块按照系统信息总揽、处理器与主板、视频系统信息、音频系统信息、存储系统信息、网络系统信息、其他外部设备、软件信息列表、系统性能测试分为九大类。这九类中用鼠标任意单击某一类,在右边的窗口中就会显示详细的资料列表,并且在某些子类中还对部分关键指标提出性能提升建议。

另外,在如图 5-3 所示的界面上,软件还为用户提供了自动优化功能。单击右上角的"自动优化"按钮,弹出"自动优化向导"对话框,如图 5-4 所示,单击"下一步"按钮进行确认优化。这时进入选择"Internet 接入方式"对话框,Windows 优化大师将要求用户选择 Internet 接入方式等项目以便自动生成优化组合方案,如图 5-5 所示。进行必要选择后单击"下一步"按钮开始对系统进行自动优化。

自动优化完毕后,软件会提示用户优化完毕。最好在自动优化全部结束后,关闭所有当前正在运行的程序,重新启动计算机,以便让优化效果立即生效。

2. 系统性能优化

(1)磁盘缓存的优化

磁盘缓存的大小会对 Windows 的运行有较大影响,因为它保证各种程序对内存的需求。通常情况下,Windows 会自动设定使用最大量的内存作为磁盘缓存,但是这种设置并不能使性能完全发挥,用户要根据自己内存的大小和任务的多少来合理设置缓存。图 5-6 是磁盘缓存优化的详细设置选项。拖动"输入\输出缓存大小"下面的滑块就能调节磁盘缓存的大小,并且 Windows 优化大师会自动显示合理缓存的大小,当然如果有更多的内存,完全可以将其设为 64MB 甚至更多。

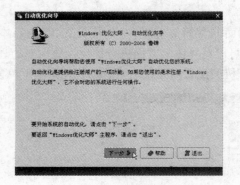

图 5-4 自动优化向导

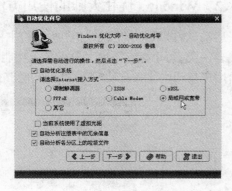

图 5-5 网络设置

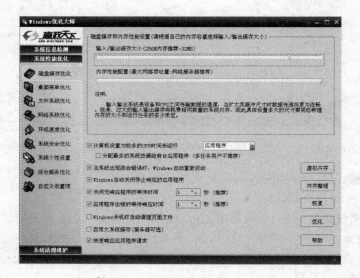

图 5-6 磁盘缓存优化

另外,在此界面中对于普通家庭用户建议将"计算机设置为较多的 CPU 时间来运行"复选框选中后,再选择其后面的下拉菜单中的"应用程序"。设置完成后单击"优化"按钮,完成此项优化。

(2) 桌面菜单优化

为了更美观,Windows 在默认情况下就开启了很多辅助效果,在一般情况下过多的显示效果会影响系统的性能,但是利用优化大师的菜单优化功能就能解决这类问题,如图 5-7 所示,将"开始菜单速度"和"菜单运行速度"两项的调节棒调整到最快速度,这样可以加快所有菜单的运行速度。

值得说明的是,建议选中"启动系统时为桌面和 Explorer 创建独立的进程"复选框,因为在

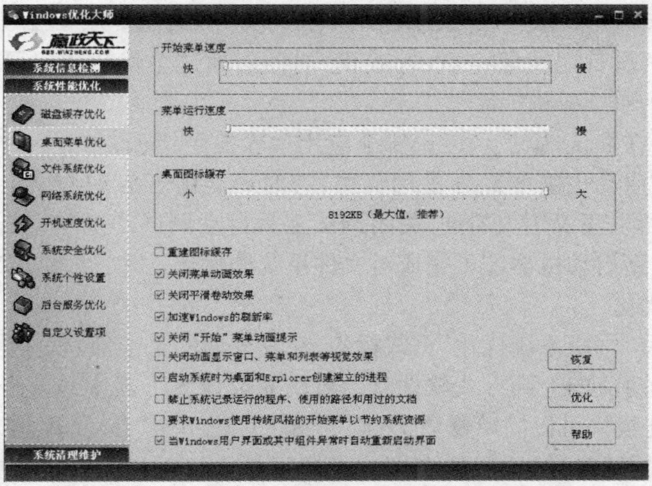

图 5-7　桌面菜单的优化

默认情况下 Windows 将创建一个包含桌面、任务栏等信息的 Explorer 进程,那么当其中之一崩溃时都将导致其他所有线程崩溃,选择此项将为桌面、任务栏等创建独立的进程,目的是为了进一步提高系统的稳定性。

（3）文件系统优化

优化大师对文件系统进行优化可以提高系统运行的速度,在左边页式标签中选择"文件系统优化"选项,如图 5-8 所示。在此界面中可以对二级数据高级缓存(由于中央处理器 CPU 的处理速度要远大于内存的存取速度,而内存又要比硬盘快得多,这样 CPU 与内存之间就形成了影响性能的瓶颈。为了能够迅速从内存获取数据从而设置了缓冲机制,即为二级缓存)进行设置,调整这个选项能够使系统更好地配合 CPU 并充分利用操作系统的二级数据缓冲机制获得更高的数据预读命中率。

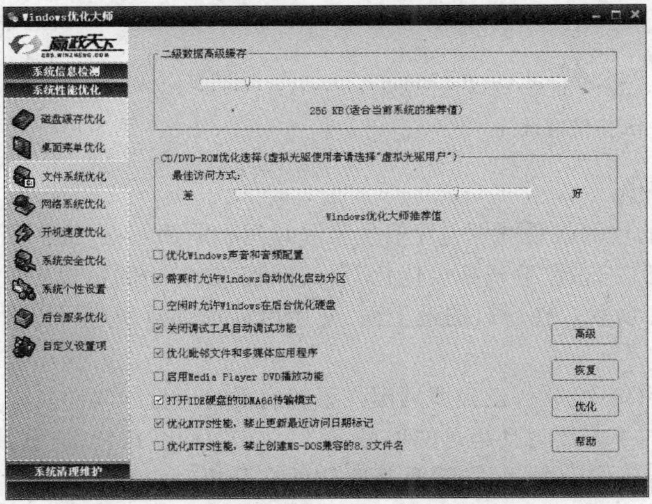

图 5-8　文件系统优化

另外,需要勾选"打开 IDE 硬盘的 UMDA66 传输模式"选项,因为为了系统的稳定性,Windows 98/2000 都没有把硬盘的 DMA66 模式打开,而这个优化项目可以帮助用户开启这个模式,以便加快硬盘的传输速率。

需要说明的是,在默认情况下,无论哪个应用程序发生错误,Windows 将自动启动调试工具,然而调试工具的启动也需要额外占用资源,有时可能由于启动调试工具系统资源更加紧张,效果适得其反,所以建议用户勾选"关闭调试工具自动调试功能"选项。所有设置完成后,单击"优化"按钮,重新启动机器即可完成对文件系统的优化。

(4)网络系统优化

在主界面上选择"网络系统优化"页式标签,在其界面的上半部,软件为用户提供了几种上网的接入方式,选择对应的上网方式软件就会自动完成设置。其中最值得一提的一个模块是"IE 及其他"模块,此模块可以简单修复 IE 浏览器。首先单击"IE 及其他"按钮,弹出如图 5-9 所示的"IE 浏览器设置"对话框,假如在浏览一些网站后,IE 主页和标题被修改了,那么就可以利用此功能来禁止修改浏览器。

在网络优化中,软件还为用户提供了快猫加鞭这个加速软件。它能够在不增加硬件设备的前提下,最大限度地优化网络速度,以便使在有限的时间内获得更多的数据。单击"快猫加鞭"按钮,出现主界面,如图 5-10 所示,根据优化向导一步步设置即可完成优化。

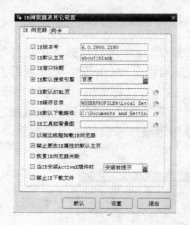

图 5-9　IE 浏览器设置

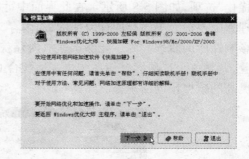

图 5-10　快猫加鞭

(5)开机速度优化

优化开机速度的目的就是减少引导信息停留时间和取消不必要的开机自运行程序,从而提高电脑的启动速度。选择"开机速度优化"页式标签,在右面的窗口中就会出现开机速度的详细设置,如图 5-11 所示。在窗口的最上面,使用鼠标拖动滑块还可以对启动信息停留时间进行设置。

在界面下方的窗口中,软件已经罗列出在系统启动时运行的软件名称,以及软件的详细资料。只要选中开机时不需要自动运行的项目,然后单击"优化"按钮,这些被选中的程序就从列表中消失,重启机器完成设置;假如需要某些软件在开机时自动运行,还可以单独添加,单击"增加"按钮后,弹出"增加自动运行程序"对话框,如图 5-12 所示,在这里为需要增加的程序命名、指定路径后,单击"确定"按钮即可。

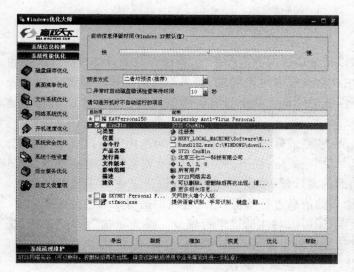

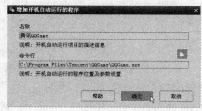

图 5-11　开机速度优化　　　　　　　　　图 5-12　增加自动运行程序

　　此外此版本的软件还支持导出功能,在图 5-11 中单击"导出"按钮,软件将会提示保存为 txt 文档以便日后进行分析。

　　(6) 系统安全优化

　　为了弥补 Windows 系统安全性的不足,Windows 优化大师还为用户提供了增强安全性的设置,选择"系统安全优化"页式标签,如图 5-13 所示。在其界面上,主要功能有分析处理可疑进程、防止自动登录、禁止运行注册表编辑器 Regedit、锁定桌面和文件加密功能以及进程管理等辅助功能。

　　在此界面下,单击"进程管理"按钮,弹出"进程管理"对话框,如图 5-14 所示。在进程管理窗口中,软件已经罗列出现在系统中运行的所有进程,选中某个进程,在界面的下部就会对这个进程的命令行参数、版本名称、版权等信息进行描述。根据这些信息,单击界面上的"结束"按钮,即可结束可疑进程的运行。

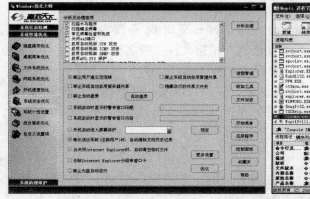

图 5-13　系统安全优化　　　　　　　　　图 5-14　进程管理

3．系统清理维护

（1）注册表清理

注册表是操作系统、硬件软件赖以正常运行的数据库系统，里面存放着计算机硬件配置和安装软件的信息。时间长了注册表中就会有很多垃圾信息，如果不及时清理不仅影响注册表本身的工作效率，还会导致整个系统性能的降低。对于没有经验的用户手动整理注册表不是件容易的事，甚至会导致系统崩溃。

在系统清理维护中选择"注册表清理"页式标签，在上部窗口中勾选相应的扫描设置，单击"扫描"按钮对系统注册表进行扫描。扫描完成后，在下部窗口中还有对各个主键的解释，如图5-15所示，然后勾选需要删除主键前面的复选框，单击"全部删除"按钮完成对注册表的清理，在删除前软件会询问是否对原有注册表的信息进行备份，用户可以根据需要来进行选择。

另外，假如删除注册表中遇到错误，还可以对注册表进行恢复。首先单击"恢复"按钮，这时弹出"注册表恢复"对话框，在这里已经列出以前备份的注册表信息，选择注册表备份文件，单击"恢复"按钮，如图5-16所示，就可完成对注册表的恢复。

图 5-15　注册表清理　　　　　　　　　　　图 5-16　注册表恢复

（2）磁盘文件管理

随着各类软件的安装、删除、卸载，使硬盘上的垃圾文件日渐增多，不仅占用了大量空间，降低了系统运转速度，磁盘文件管理模块的主要功能就是根据文件扩展名列表清理硬盘、清理失效的快捷方式、清理零字节文件、清理 Windows 产生的各种临时文件等。

在系统清理维护中选择"磁盘文件管理"页式标签，在"扫描选项"中只需单击"推荐"按钮，Windows 优化大师会自动选择推荐的扫描选项，之后单击"扫描"按钮，如图5-17所示，进行垃圾文件清理。

（3）软件智能卸载

选择"软件智能卸载"页式标签后，优化大师在该页面的上方的窗口中列出了在 Windows 开始程序菜单中全部的应用程序，选中要分析的软件，单击"分析"按钮，Windows 优化大师就开始智能分析与该软件相关的信息了，如图5-18所示。假如要分析的程序没有出现在列表中，还可以单击"其他"按钮，手动选择需要分析的软件。

图 5-17　磁盘文件管理

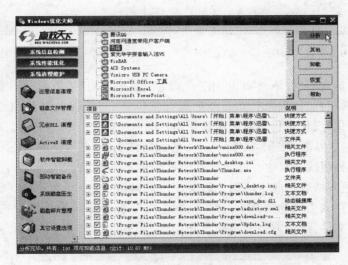

图 5-18　软件智能卸载

　　分析完成后,软件会自动把下面窗口中的项目全部选中,单击"卸载"按钮,即可对各个应用程序完全卸载。假如卸载的软件还想恢复,还可以单击"恢复"按钮,具体的操作和前面恢复注册表操作相类似。

　　另外 Windows 优化大师还提供了磁盘碎片整理、冗余 DLL 清理、ActiveX 清理、系统磁盘医生等众多实用功能,读者可以自己尝试着去学习。

5.3　磁盘碎片整理工具——Vopt XP

　　硬盘经过长时间使用后,安装或删除的文件就变得凌乱不堪,对于这样的硬盘系统不仅存取数据速度变慢而且会严重影响系统工作效率。虽然可以利用 Windows 自带的磁盘整理程序来整理硬盘,但速度不是很快。在这里给大家介绍一款磁盘碎片整理工具 Vopt XP,它可以将分裂在硬盘上不同扇区的文件快速和安全地重整,为用户节省时间。

5.3.1 Vopt XP 的安装与界面介绍

双击下载的 Vopt XP 安装文件,启动安装向导,如图 5-19 所示。单击"Next"按钮,进入"用户许可协议"对话框。之后单击"Agree"按钮,打开"选择安装位置"对话框,如图 5-20 所示,单击"Next"按钮默认安装位置,继续安装过程。当软件安装完成以后弹出"完成"对话框,单击"Finish"按钮,完成 Vopt XP 的安装。

图 5-19　安装界面图

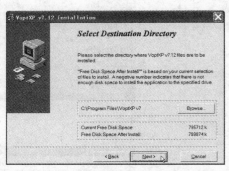
图 5-20　选择安装位置

这里的软件是英文版的,不过可以用汉化程序对 Vopt XP 进行汉化。启动汉化程序,这时弹出对话框,提示用户选择刚才 Vopt XP 的安装位置,假如保持默认值不变,则直接单击"确定"按钮进行汉化,汉化过程中会提示是否覆盖原有文件,单击"是"按钮,汉化成功。

运行 Vopt XP,主界面如图 5-21 所示。主界面简洁明朗,由菜单栏、工具栏、显示窗口、磁盘状态分析图等部分组成。其中在磁盘状态分析图中不同的颜色代表不同含义,白色方格表示可用空间,浅蓝色方格表示此空间尚未被文件占满,蓝色方格表示此空间已经被文件占满,深蓝色方格表示此存放文件的空间不可移动,绿色方格表示被系统交换文件占用的空间,即通常所说的虚拟内存文件,红色方格表示磁盘碎片,这是 Vopt XP 清理的对象。

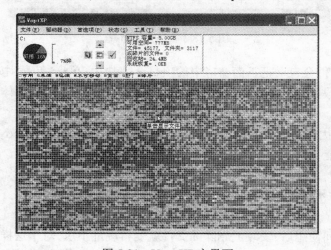
图 5-21　Vopt XP 主界面

5.3.2 Vopt XP 的常用方法

1. 分析与整理单个磁盘

单击菜单栏中的"驱动器"菜单,从中选择需要整理的磁盘,然后单击"分析"按钮"✓"或执行"文件→分析"命令,这时软件首先对磁盘进行分析并确定碎片的比例,分析完成后在界面的上部窗口中会显示磁盘的信息,单击"整理碎片"按钮"🗐",开始进行碎片清理。

2. 批整理

执行"首选项→批整理"命令,弹出"批整理首选项"对话框,在此对话框中列出了机器的所有盘符,选中多个复选框就可按次序整理多个磁盘。

3. 定时整理磁盘

在菜单栏中,单击"首选项→计划"命令,弹出"碎片整理计划首选项"对话框,如图 5-22 所示,选中"每日一次"或"每周一次"单选按钮,并且勾选需要整理的盘符前的复选框,单击"应用"按钮,完成自动定时清理磁盘的设置。在此对话框中,"不要"单选按钮的意思是不进行定时清理磁盘。

4. 调整虚拟内存

在菜单栏中,单击"工具→虚拟内存"命令,弹出"虚拟内存"对话框,如图 5-23 所示。在此对话框中,用户可以手动设置虚拟内存的大小。首先,选中要在哪个盘符下设置虚拟内存。其次,在"自定义大小"选项中设置虚拟内存的最小值和最大值,最后单击"下一步"按钮,完成对虚拟内存的重新设置。

图 5-22 碎片整理计划首选项

图 5-23 虚拟内存

值得注意的是,为获得最佳性能,建议不要把页面文件放到系统盘下,并将最小值至少设置成内存数量的 1.5 倍。

5.4 系统设置工具——超级兔子魔法设置

超级兔子魔法设置是一个完整的系统维护工具,里面共有八大组件,可以优化注册表、设置系统大多数的选项,同时还具有强大的软件卸载功能,专业的卸载可以清理软件在电脑内的所有记录。下面就以超级兔子魔法设置 V7.82 为例,介绍它的安装与使用。

5.4.1 超级兔子的安装与界面介绍

运行超级兔子安装程序,弹出如图 5-24 所示的"安装向导"对话框,单击"下一步"按钮,弹出"许可证协议"对话框,选中"我同意"选项,单击"下一步"按钮,进入"选择安装位置"对话框,保持默认位置单击"下一步"按钮,经过一段时间的文件复制,弹出"安装完成确认"对话框,如图 5-25 所示,单击"完成"按钮,结束安装。

图 5-24　超级兔子安装向导

图 5-25　完成安装

安装全部完成后,双击桌面图标启动超级兔子,其主界面如图 5-26 所示。此软件所有功能均用标签模式显示,由"超级兔子"、"实用工具"、"快乐影音"、"企业版"、"在线服务"、"选项",六部分组成,每一部分都有很多子功能。接下来就给大家介绍超级兔子的使用方法。

图 5-26　超级兔子主界面

5.4.2 超级兔子的常用方法

1. 超级兔子

(1) 超级兔子魔法设置

在超级兔子主界面中选择"超级兔子魔法设置"子功能就进入其主界面,在界面的左侧又分为八个方面,单击某个选项,则右面的窗口中就会出现相应的更为细节的选项,这里选中"启动程序"选项,软件会把随系统启动的程序罗列出来,并给出相应建议,如图 5-27 所示,选中那

82

些随系统启动的多余程序,单击"应用"按钮即可完成对此项的设置。

如果想对网络进行设置,就单击窗口左边的"网络"选项,这时在右面的窗口中就出现一系列选项,如图 5-28 所示,在其中可以对 IE 菜单、网卡地址、IE 选项等几方面进行设置。待所有方面都设置完成后单击主界面上的"确定"按钮,保存设置并退出,假如不想保存设置单击"取消"按钮即可。

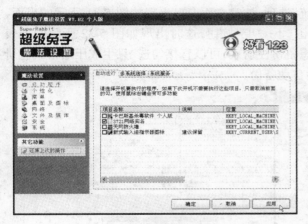

图 5-27 超级兔子魔法设置

图 5-28 网络常规设置

(2) 超级兔子上网精灵

使用 IE 浏览器上网浏览信息是必不可少的,但是有些恶意网站和网页木马程序经常会对有漏洞的 IE 进行攻击,而 IE 上网精灵正是一款修复 IE、保护 IE 安全的软件,它还具有网页广告过滤,屏蔽黄色网站,IE 插件免疫等强大的功能。

在超级兔子主界面中选择"超级兔子上网精灵"子功能就进入其主界面,如图 5-29 所示。假如 IE 浏览器已经被恶意程序修改,首先单击左边框中的"安全防护"选项,出现如图 5-30 所示的界面,单击"立即清除"按钮,清除现在的 IE 设置,然后再选择相应的选项,最后单击"确定"按钮完成设置。

图 5-29 超级兔子上网精灵

图 5-30 安全防护

在上网精灵中还有加强 IE、软件选项的设置,这里就不再赘述请读者自己实践应用。

（3）超级兔子系统备份

备份系统主要是对系统注册表、收藏夹、我的文档、驱动程序等方面的备份。其中备份注册表的操作非常重要，因为注册表是 Windows 的核心数据中心，它的错误会影响系统的正常运行，保存一个后备存档是很必要的。在超级兔子主界面中选择"超级兔子系统备份"子功能就进入其主界面，如图 5-31 所示。

要想备份系统，单击左栏中的"备份系统"选项，这时右面窗口出现如图 5-31 所示的界面，为备份文件起名字以及选择保存位置后单击"下一步"按钮，这时出现如图 5-32 所示的列表框，在列表里勾选想要备份的选项，如果只想备份注册表，可以直接勾选"只生成压缩格式注册表备份"，最后单击"下一步"按钮，软件就会自动备份。

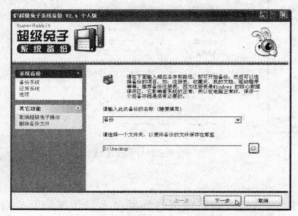
图 5-31　系统备份

图 5-32　选择备份选项

还原系统的操作也很简单，单击左栏中的"还原系统"选项，在右面窗口中的下拉列表中直接选择以前备份好的文件，这时软件的下面会显示创建时间，单击"下一步"按钮，完成系统的还原。

值得注意的是，还原注册表有风险，在备份后安装的软件不能使用，必须重新安装。

（4）超级兔子 IE 修复专家

IE 修复专家可以对 IE 和系统进行全面的修复，全面查杀数千种木马病毒，软件有快捷修复和专家修复两种。在超级兔子主界面中选择"超级兔子 IE 修复专家"，就进入其主界面，如图 5-33 所示。

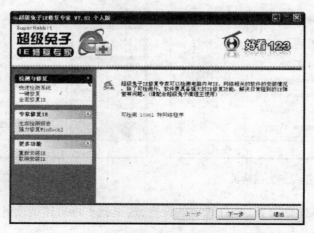

图 5-33　IE 修复专家

1）快捷修复。选择左栏中的"快速检测系统"选项，软件如果发现有可疑程序便会在列表中罗列出来，这时只需单击列表下方的"一键清除"按钮或者单击左栏中的"一键修复"按钮即可清除木马病毒，如果暂时不能清除病毒或修复 IE，软件则会提示用超级兔子清理王进行彻底删除。

2）专家修复 IE。单击左栏中的"生成检测报告"选项，然后在右面的窗口中选择报告保存的位置，并且勾选"保存详细信息"选项，单击"下一步"按钮生成报告，这时软件提示"到超级兔子论坛上发帖"还是"以附件形式把报告发到指定邮箱"，根据情况选择相应设置，单击"下一步"按钮完成报告的上传，但对于未注册用户暂时只能到论坛上寻求帮助。

（5）超级兔子安全助手

超级兔子安全助手用于保护个人电脑不被他人使用，具有系统保护、隐藏磁盘、文件夹加密等功能。在超级兔子主界面中选择"超级兔子安全助手"，就进入其子界面，如图5-34所示。

1）安全方式。选择"开机密码"选项，在右面的界面中勾选"进入 Windows 桌面前询问密码"选项，单击"下一步"按钮，再选择"密码设置"选项，然后输入密码即可。假如忘记了密码，开机时按下〈F8〉键，进入安全模式再取消此功能即可。

图 5-34　安全助手

2）磁盘与文件夹安全。单击左栏中的"隐藏磁盘"选项，这时在右面的窗口中勾选想要隐藏的磁盘，单击"下一步"按钮完成隐藏，重启电脑后磁盘就隐藏了。要注意的是，隐藏的磁盘是不能进行访问的，要想进行访问还要勾选"允许使用隐藏后的程序及文件"选项。

3）伪装文件夹。单击左栏中的"伪装文件夹"选项，在右面的窗口中单击"装入文件夹"按钮，这时软件弹出"选择伪装文件夹的位置"对话框，选择完成后单击"下一步"按钮设置密码，退出软件后所选文件夹将被伪装。如果想要取消伪装，只要在列表框中勾选相应的文件夹，然后单击"取出文件夹"按钮就能取消伪装。

4）加（解）密文件。单击"加（解）密文件"选项，在右面的窗口中单击"加入文件"按钮，选择需要加密的某个或多个文件，单击"下一步"按钮并设置密码，之后选择加密文件的保存位置，单击"完成"按钮即可。

要想解密文件也非常简单，只要把已经加密的文件加入到列表框中，单击"下一步"按钮并输入正确密码，然后选择解密后文件的保存路径，单击"完成"按钮即可。

2．实用工具

单击主界面上的"实用工具"标签，这时就打开实用工具的界面，如图5-35所示。该功能模块共有八个子功能组成，下面将详细介绍其用法。

（1）超级兔子内存整理

单击"超级兔子内存整理"按钮，其界面如图5-36所示。单击"快速整理"按钮，稍等一会儿后即可完成内存的释放。要想释放更多内存，只需单击"深度整理"按钮即可，对于刚刚整理完的系统，因为缓冲区被清空，可能感觉系统变慢，等一会就可变回正常。

图 5-35　实用工具主界面

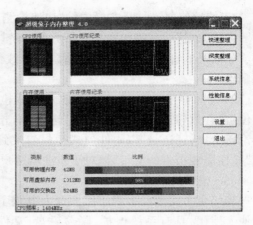

图 5-36　内存整理

（2）超级兔子虚拟桌面

虚拟桌面就是在一个系统内有多个不同的桌面窗口,目的是开启更多的窗口,使显示范围变大了。进入超级兔子实用工具中,单击"超级兔子虚拟桌面"按钮,这时在任务栏的右下面出现一个虚拟桌面的提示,并把当前桌面作为第一个虚拟桌面,如图 5-37 所示。鼠标单击右下角虚拟桌面的图标显示出使用状态,其中第一个就是当前使用的虚拟桌面。这里软件预制了 8 个虚拟桌面,选择其他的桌面后,当前桌面上的所有程序都会通通不见了,也就是说在一个虚拟桌面上打开的程序在另一个虚拟桌面上是看不到的,这里软件并没有终止其他桌面下的程序,而是将它们隐藏起来,在后台运行。要想选择原来程序,只要重新选择原来的桌面即可,如图 5-38 所示。

图 5-37　虚拟桌面 1

图 5-38　虚拟桌面 2

值得说明的是,多个虚拟桌面是循环使用的,也就是说只要鼠标单击右下角虚拟桌面图标一次,就可以切换到下一个虚拟桌面,再单击一次就又换到下一个。要想关闭某个虚拟桌面只要在右键菜单中选择"关闭当前桌面"选项即可,那么被关闭桌面下的程序都会显示在原始桌面任务栏中。

5.4.3 超级兔子的升级与选项设置

在超级兔子主界面中选择"选项"标签,其主界面如图 5-39 所示。

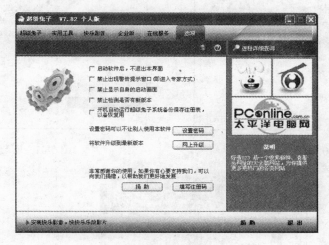

图 5-39 选项设置

在显示的界面中单击"网上升级"按钮,在新窗口界面中单击"检查版本"按钮,软件自己会连接到网站进行检测,如果发现有新版本就会给予提示,这时只需要在下载列表中选择其中一个地址并单击"下载软件"按钮,就可以进行升级。

需要说明的是,在图 5-39 中,如果勾选"开机自动运行超级兔子系统备份保存注册表,以备恢复用"选项,软件则在开始时备份注册表,但只保存最近 5 天的。

另外,超级兔子有些操作是对注册表进行修改的,在使用过程中请谨慎使用。

5.5 软件卸载工具——完美卸载 V2006

完美卸载 V2006 是一款多功能的系统维护软件,不仅可以完全卸载软件,而且还提供修复 IE、查杀病毒、网络防护、系统漏洞扫描和系统修复等众多功能。这里就给大家介绍一下完美卸载 V2006 的安装与使用。

5.5.1 完美卸载 V2006 的安装与界面介绍

运行完美卸载 V2006 的安装程序,此时弹出软件的安装向导,如图 5-40 所示,单击"下一步"按钮进入"许可证协议"对话框,选择"我同意此协议"选项,单击"下一步"按钮继续安装,这时软件提示需要选择安装路径,保持默认路径单击"下一步"按钮,依次弹出"选择开始菜单文件夹"、"选择附加任务"、"准备安装"对话框,根据自己的情况选择相应功能选项,这里全部保持默认值不变,随后在这些对话框中分别单击"下一步"按钮,稍等一会后软件安装完成,最后弹出如图 5-41 所示的"完成"对话框,单击"完成"按钮结束安装。

双击桌面图标启动完美卸载 V2006,其主界面如图 5-42 所示,此软件共有 18 项功能,涉及计算机的各个方面,鼠标指向某个图标,在主界面下方就会出现简要的功能介绍。另外在其他功能中还提供了注册表备份还原、系统备份还原、网络组件修复、驱动备份等多种工具。

图 5-40　安装向导

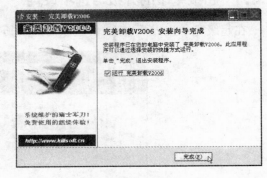
图 5-41　安装完成

图 5-42　完美卸载 V2006 主界面

5.5.2　完美卸载 V2006 的使用

1. 插件清除

单击主界面上的"插件清除"按钮,这时软件会自动检测系统都安装了那些插件,如图 5-43 所示,在检测插件之后进入"插件清除"界面,如图 5-44 所示。

勾选需要卸载插件前面的复选框,单击"卸载所有"按钮,软件将自动删除插件,值得注意的是,有些恶意插件在强制删除后造成 Windows 网络组件被破坏,网络无法连接,这时就要单击"修复网络"按钮,重新对网络进行修复。

2. 软件卸载

使用"软件卸载"工具不仅可以常规删除软件,还可以对无法用常规方法清除的软件进行彻底删除。单击主界面上的"软件卸载"按钮,进入如图 5-45 所示的"软件卸载"界面,在此就以卸载"SnagIt 8"软件为例,讲解卸载过程。

选中要卸载的程序,在界面的左栏中单击"卸载软件"按钮开始卸载。完美卸载首先调用要删除软件自己的 Uninstall 程序进行卸载。假如遇到那些比较讨厌的软件,本身并没有反安装程序仅仅在桌面上有个图标,这时就要使用智能卸载对付这类软件了。单击"智能卸载"按钮，弹出如图 5-46 所示的对话框，选中对应的选项后单击"下一步"按钮，这时软件提示选择要卸载程序的快捷方式，选中后在弹出的图 5-47 窗口中，软件将自动对要卸载的程序进行分析。

图 5-43　检测已安装插件　　　　　　　　　　图 5-44　插件清除界面

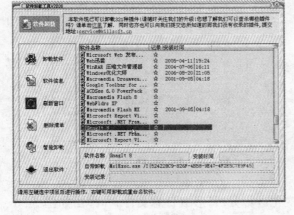

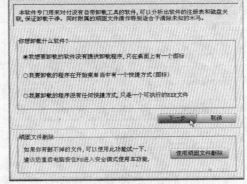

图 5-45　软件卸载　　　　　　　　　　图 5-46　智能卸载向导

　　分析完成后，单击"智能卸载"按钮，完成卸载。假如还是不能完全清除，单击"顽固文件"按钮，对那些顽固的恶意程序进行彻底删除。

3．安装监视

　　安装监视是在软件安装前运行，在软件安装时监视系统变化，为软件安装操作生成准确的反安装记录做好准备。单击主界面上的"安装监视"按钮，进入"选择监视范围"对话框，单击"全面监视"按钮执行下一步操作，如图 5-48 所示。

　　此时弹出如图 5-49 所示的"Setup Monitor"对话框，提示软件正在初始化系统数据不要安装软件，稍等一会后弹出"Waming"对话框，单击"确定"按钮关闭对话框，随后就可以运行某个安装程序，等完成安装后单击"Setup Monitor"对话框中的"停止监视"按钮，终止监视。

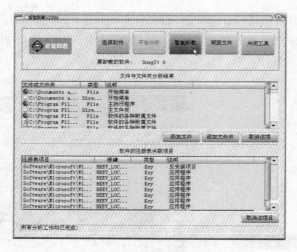

图 5-47　智能卸载

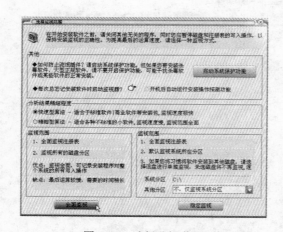

图 5-48　选择监视范围

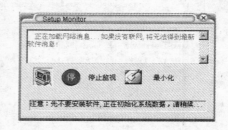

图 5-49　"Setup Monitor"对话框

　　监视终止后,完美卸载 V2006 会对系统的变化进行分析,形成日志文件,并弹出如图 5-50 所示的对话框,单击"确定"按钮关闭对话框,稍等片刻即可完成分析运算工作。

4．电脑体检

　　单击主界面上的"电脑体检"按钮,进入电脑体检的主界面,如图 5-51 所示。这时单击"扫描"按钮进行扫描,在扫描之前软件会提醒用户关闭多余的应用程序,以免造成冲突。

　　扫描完成后,所有的信息将显示在列表中,红色加号代表该对象存在危险较大,绿色加号代表危险较小。勾选红色加号前面的复选框,单击"修复"按钮进行修复。另外还可以把日志进行导出操作以便日后作为参考。

5．系统保护

　　系统保护可以实时保护系统不受恶意脚本、大多数木马和各种网络插件的干扰,在上网之前一定要开启系统保护,就算遇到网络插件,也可以安装试用不必担心系统会受到修改而造成不便。

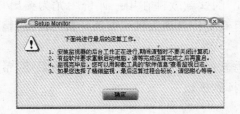

图 5-50　分析运算

图 5-51　电脑体检

单击完美卸载主界面上的"系统保护"按钮，弹出如图 5-52 所示的界面。

单击界面上方的"启动监控"按钮即可对系统实时监控，要说明的一点，开启系统保护时建议不要和其他防火墙一起使用，有可能造成冲突，使得系统性能大大降低。在系统保护界面上单击"体检"按钮即可打开如图 5-51 所示的"电脑体检"对话框。要想改变保护规则，只需单击"规则"按钮，在主界面下面延伸出如图 5-53 所示的窗口，在这里就可以手动更改设置了。

图 5-52　系统保护

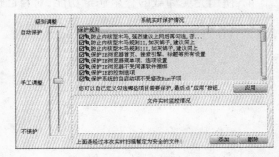

图 5-53　规则设置

5.6　其他相关工具软件介绍

本章主要对系统的优化与维护进行讲解，介绍了四款常用的系统维护和优化工具软件，另外，网络上系统优化与维护软件的种类也非常多。

1. 全能优化（Guardio）

在系统优化方面，全能优化（Guardio）可谓是目前除优化大师之外比较流行的软件了，此款软件除了拥有系统增强与优化、垃圾清理、网络监控等 8 大方面的功能之外，还具有查杀木马、屏蔽恶意插件的功能，真可算是用户评价较好的绿色软件。说到系统优化就不能不介绍一下"A Speeder"这款软件，虽然它不是对系统进行维护的，但其可以调节 Windows 的系统速度以及所有 Windows 应用软件的运行速度，可以说是目前最可靠稳定的 Windows 变速器。

2. 电脑救援专家

在系统维护方面，"电脑救援专家"这款软件可谓是电脑的守护者。它是一款通过微软认证的即时系统恢复软件。无论是由于何种原因导致死机或者数据损毁,"电脑救援专家"都能为用户提供完整的恢复方案。除此之外,还具有备份、还原、卸载、防毒等特点,即使 C 盘被格式化,"电脑救援专家"仍然可以恢复整个 Windows 系统和数据。

3. Defragmenter Pro

对于磁盘碎片整理方面,名为"Defragmenter Pro"的这款软件在用户评价中尤为突出,其在整理磁盘碎片的同时可以避免硬盘产生错误,而且有支持自动关机和重新开机的特点,整理的全部操作由软件自动完成。

以上从三个方面介绍了几款优秀软件,此类优秀软件在网上比较多在此就不再赘述,希望读者举一反三,灵活掌握,自己动手把系统的性能发挥到极致。

5.7 习题

1. 利用 Windows 优化大师对自己的系统进行优化,并备份注册表。
2. 利用超级兔子对文件加密解密,并对自己的 IE 浏览器进行检测与修复。
3. 开启完美卸载的监视安装功能,首先安装一个软件,然后再使用完美卸载把该软件卸载掉。
4. 使用完美卸载的查杀病毒功能,对自己机器进行彻底扫描。
5. 使用完美卸删除本机的垃圾文件。

第6章　光盘工具软件

所谓光盘工具软件就是具有对光盘进行编辑、修改、复制或者通过对文件进行相应的操作并可最终制作成物理或虚拟光盘的软件。其主要包含：光盘复制工具、光盘刻录工具、光盘镜像工具等。

6.1　刻录工具——Nero Burning Rom 7.0.1.4

Nero 是德国 Ahead Software 公司出品的光盘刻录程序，支持多国语系（包括简繁中文），兼容几乎目前所有型号的光盘刻录机，支持中文长文件名刻录，可以刻录 CD、VCD、SVCD、DVD 等多种类型的光盘片，其官方网站为 http://www.nero.com/。拥有从视频音频的采集、编辑到刻录的整个流程解决方案。Nero 7 把各种功能模块都用一个集成工具整合起来，它就是 Nero StartSmart。本文将以 Nero StartSmart 为中心来说明如何使用 Nero 7 强大的编辑刻录功能。

6.1.1　Nero 安装启动与界面介绍

1．软件安装

Nero 的安装比较简单，双击从互联网上下载的安装程序，在安装向导指引下，保持默认设置连续单击"下一步"按钮，直到最后单击"完成"按钮即可。安装完成后，软件在"开始→程序→Nero 7 Preminum"菜单下创建"Nero StartSmart"程序项。

2．软件的启动

执行"开始→运行→Nero 7 Preminum→Nero StartSmart"命令，弹出如图 6-1 所示的主界面。在主界面中单击左侧的"显示/隐藏应用程序和帮助"按钮可以展开应用程序菜单，如图 6-2 所示。在 Nero 最基础的数据刻录功能中，提供了 CD 光盘和 DVD 光盘的刻录和复制，用户可以根据需要单击窗口上端的"CD/DVD"下拉列表来进行选择。

图 6-1　Nero StartSmart 界面

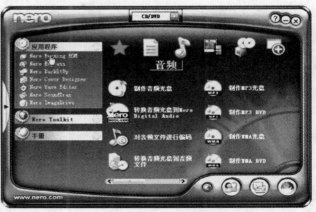

图 6-2　展开后的 Nero StartSmart 界面

3．功能窗口界面介绍

（1）Nero StartSmart 的主界面

如图 6-1 所示,在 Nero StartSmar 窗口的最左侧的是"显示/隐藏应用程序和帮助"按钮,右下角处的四个按钮从左向右的功能介绍如下：

- 更改颜色按钮：用于切换窗口界面颜色。另外 Nero 提供了 20 余种供选择的界面颜色。
- 任务切换按钮：在高级任务和标准任务之间进行切换,在高级任务中刻录参数设置较为全面,所以本例就以高级任务作为讲解对象。
- 设置按钮：可以设置包括语言、刻录任务、关闭应用程序后是否返回 Nero StartSmar 等选项。
- Nero 产品中心：显示 Nero 的版本信息、序列号及升级按钮等。

在 Nero StartSmar 窗口上部从左向右依次有 6 项菜单,功能介绍如下：

- 收藏夹：将 Nero 中一些常用的功能按钮都设置在这里,以后使用这些功能就会方便得多。另外,如果收藏夹中的按钮暂时不需要,还可以单击"右键"进行删除。
- 数据：创建数据光盘来存储文件和文件夹。
- 音频：制作各种音乐光盘——普通的音频、MP3、WMA、CD 等其他格式的音频光盘。
- 照片和视频：捕捉数字照片和视频并创建自己的电影、幻灯片或 VCD 等。
- 备份：复制整个光盘,备份单个文件甚至整个硬盘驱动器。
- 其他：使用工具来控制驱动器速度以及制作光盘标签和实现其他功能。

（2）主窗口界面

在图 6-2 中单击"应用程序→Nero Burning Rom",弹出如图 6-3 所示的窗口界面,从图中可以看出,该界面主要由标题栏、菜单栏、工具栏、刻录窗格(左侧)、文件浏览器窗格(右侧)、信息栏和状态栏等组成。

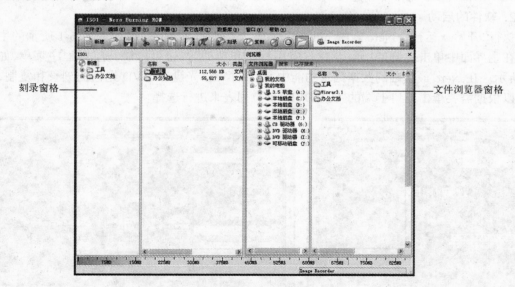

图 6-3　窗口界面

6.1.2　Nero 的常用方法

1.刻录数据 CD

假如想对硬盘中的数据作一个永久性的备份,则可以选择数据 CD 刻录模式进行备份,这也是 Nero 使用频率最高的一项功能。刻录的具体步骤如下(制作数据 DVD 方法类似):

(1)启动数据刻录主窗口

在"Nero StartSmar"窗口的"收藏夹"菜单中选择"制作数据光盘"选项。这时弹出"ISO"制作窗口,如图 6-3 所示。

(2)添加刻录文件

在"文件浏览器"窗格中选择想要刻录的文件或文件夹,然后采用拖拽的方式将其拖放到"刻录窗格"中。当向"刻录窗格"添加文件的时候,窗口下面的信息栏内会有一条不断变化的彩色线条,用于显示数据的整体容量,用户由此可判断光盘的剩余空间。值得注意的是,添加的容量一定不要超过刻录盘的指定容量,否则将无法进行刻录。假如要取消"刻录窗格"中的某个文件,可在"刻录窗格"中进行删除操作,即可取消本次任务。

(3)编译属性设置

执行"文件→编译属性"命令,弹出"编译属性"窗口,如图 6-4 所示。

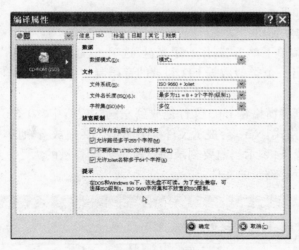

图 6-4　"编译属性"窗口

这里要对刻录前的一些参数进行必要的设置,主要内容如下:

1)在"ISO"选项卡中,这里需要将"数据模式"选择为"模式 1","文件名长度"选项选择为"最多为 31 个字符"以便支持长文件名,其余选项可按照系统默认。

2)在"标签"选项卡中,有"自动、手动、高级"3 个选项,用于对光盘信息如"光盘名称"等内容的进一步编辑。

3)在"日期"选项卡中可对光盘的创建及截止日期等时间选项进行设置。

4)在"其他"选项卡中设置缓存文件的大小。

5)在"刻录"选项卡中设置刻录速度,以及是否允许在光盘的空白区域进行再次写入。光盘一次刻录,就是整盘刻录,就是通常所说的 DAO 模式。这种写入模式用于光盘的复制,一次完成整张光盘的刻录。其特点是能使复制出来的光盘与源光盘完全一致。而轨道一次刻录,是每次刻录一轨道的数据。在此选项卡中还有一些参数设置,它们的含义如下:

- "写入速度":可以设定写入的速度,如时间充足应该尽量使用低速进行刻录,这样可以提高刻录的成功率。
- "模拟":作用是在真正刻录以前模拟一下刻录的整个过程,但不包括激光对盘片的写入,但此种状况需要付出双倍的时间。
- "确定最大速度":是在刻录前测试系统是否能跟得上刻录速度,如果速度不够则会降低刻录速度,一定程度上避免了刻录失败的发生。
- "刻录份数"可设定刻录光盘的数量。
- "写入":如下一次还想追加数据请勾选"写入"选项,假如一次写满整个光盘或不想再写入数据则要勾选"结束光盘"以关闭整个光盘。

（4）完成刻录

待全部设置完毕,用鼠标单击"刻录"按钮刻录机便开始进行刻录了,待刻录完毕后,刻录机会自动将托盘弹出,这时就可取出盘片了。

2. 制作音乐 CD

制作音乐 CD 的步骤与制作数据 CD 的方法基本相同。下面以制作 mp3 文件格式为例制作音乐 CD,具体步骤如下:

（1）启动音乐制作主窗口

在"Nero 收藏夹"菜单下单击"制作音乐光盘"选项,这时弹出"音乐"制作窗口,再单击"查看→浏览器",这时弹出一个类似数据 CD 刻录的音乐制作主窗口,窗口中左侧窗格用来放置要刻录的音轨。

从右侧的文件浏览器窗格将 mp3 文件拖放到左侧的窗格中,如图 6-5 所示。如果添加的文件不是标准的 MP3 格式,Nero 会提示文件类型出错。在拖放音轨的过程中,信息栏内会有一条不断变化的彩色线条,表示当前要刻录的音轨占光盘容量的大小。在窗口的左下侧有一个"播放"按钮用于试听要刻录的文件。

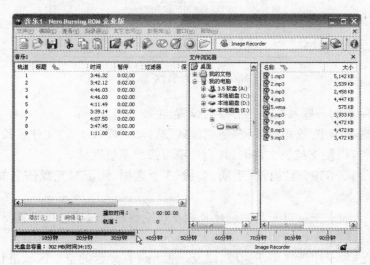

图 6-5　音乐制作主窗口

（2）设置音频轨道属性

双击左侧窗格中的音轨,在弹出的"音频轨道属性"窗口中可以对"标题""演唱者"等信息进行编辑。

（3）编译属性设置

选择"文件"菜单下的"编译属性"命令,同样会弹出"编译属性"窗口,其中"轨道音无间隔"的意思就是所刻录的音乐之间没有时间间隔,而 Nero 默认值是有 2 秒的时间间隔的。其他设置内容与数据 CD 大致相同,在此就再赘述了。值得提醒的是,选择"音乐 CD"选项卡下的"刻录之前在硬盘驱动器上缓存轨道"选项,则有助于提高刻录的成功率。

（4）完成刻录

当所有工作都完成后,单击"刻录"按钮,即可完成音乐 CD 的制作。

此外,若需对音频文件的格式进行转换,只需选择"其他选项"下的"编码文件"或按〈F8〉键,在弹出的编码文件窗口中进行文件的添加,以及选择文件的输出格式即可。

3．复制 CD

如果同时拥有 CD-ROM 和刻录机,利用 Nero 的"复制光盘"功能就可以不经过硬盘的转储而直接复制出同源光盘内容完全一致的光盘。如果只有一个光驱也没有关系,可以先将数据备份到硬盘中,然后再进行刻录。要注意的是,如光盘本身有加密措施则无法用 Nero 进行刻录:

（1）准备工作

首先将要刻录的源盘放在 CD-ROM 中,然后再将一张空白盘片放入刻录机中。

（2）新编辑属性设置

单击 Nero"收藏夹"中的"复制光盘"图标选项。弹出"新编辑"窗口,如图 6-6 所示。在"新编辑"窗口中的"复制选项"选项卡中有一项"直接对烧"复选框,该选项以放入 CD-ROM 中的光盘为"源盘"以刻录机中的空白盘为"目标盘"进行数据的直接刻录。

图 6-6　复制光盘选项设置

值得注意的是,此选项要求源光盘表面清洁且读取速度至少为写入速度的两倍,否则极有可能因为读取错误而造成刻录的失败。倘若放弃该复选框则在"映像文件"选项卡中会出现一个让用户选择一个映像文件存储位置的按钮,此时 Nero 先将源盘中的数据制作成映像文件,随后再进行映像文件的刻录。在"刻录"选项卡中选中"写入"复选框,并设定"光盘的写入速度"及"刻录"的份数,其他选项可按照软件默认值设置。

（3）完成刻录

经过一段时间后,Nero 弹出"刻录完毕"对话框,单击"确定"按钮,这时 CD-ROM 和刻录机同时弹出光盘,光盘复制完毕。

4. 制作引导光盘

Nero 可以轻松制作引导计算机启动的光盘,具体步骤如下:

（1）制作启动文件

首先在 Windows 9x 中制作一张引导软盘,然后将软盘放入软驱中,接下来单击 Nero StartSmart"数据"菜单下的"制作可引导光盘"选项。在弹出的"新编辑"窗口下选择"启动"选项卡,随后选择"可引导的逻辑驱动器"选项即可。

（2）添加文件

在"刻录编辑"窗口中,可以看到状态栏的左下侧显示出体积约为 2MB 的"引导文件"。待数据添加完毕单击"刻录"按钮。

5. 制作 VCD

利用 Nero 的"制作视频光盘"功能可以将普通的视频文件制作成 VCD 光盘,方法如下:

（1）属性配置

启动 Nero Burning ROM 并建立新编辑,类型选 Video CD,这时弹出"新编辑"属性配置窗口,如图 6-7 所示。

图 6-7 "新编辑"属性配置窗口

单击"Video CD"选项卡如图 6-7 所示,在界面中的"编码分辨率"选项下选择"PAL"选项,然后勾选"创建符合标准的光盘"复选框。之后在"ISO"选项卡中,选择 ISO 9660 的字符集并且不要进行放宽 ISO 限制。

（2）节目编辑

Nero 可支持的影像文件格式有 .dat 和 .mpg,但都必须是标准的 MPEG-1 编码。要注意把影像文件拖到光盘面板下方的音轨窗口,而不是完成刻录后存放 .dat 文件的 mpegav 目录,这点很重要。

(3) 文件格式分析

Nero 会对视频文件进行格式分析。如果文件格式不对,Nero 会提示拒绝加载该文件,此时需要先对视频文件进行格式转换然后载入。

(4) 启动菜单设置

如果勾选"启动菜单"选项,那么这张碟片插入 VCD 播放机之后将出现一个启动选单。其他设置可以根据具体情况决定。

(5) 完成制作

光盘属性编辑完成以后,单击"确定"按钮回到主界面。单击工具栏上面的"刻录"按钮开始刻录。

6. 制作 CD 封套

利用 Nero 的"制作标签或封面"功能可以为光盘设计一套富有个性的盘贴和封套,下面就简单介绍一下 Nero 的"制作标签或封面"功能:

启动制作窗口,在 Nero StartSmart 的"其他"菜单中单击"制作标签或封面"图标选项,这时在弹出的标签或封面制作窗口中,可以看到三个区域,如图 6-8 所示,从左向右依次是:

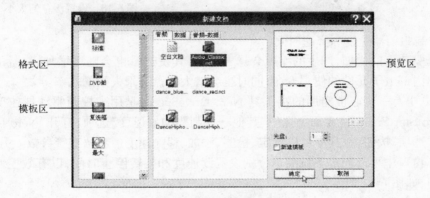

图 6-8　标签或封面制作窗口

- 格式区:用来选定要制作的盘贴及封套的格式。
- 模板区:其中的三个选项卡分别提供了"音频"、"数据"、"音频 + 数据"三种数据类型所对应的模板。用户可以从中选取自己喜好的图案作为自己的盘贴或封套。
- 预览区:对模板文件进行预览。

勾选在预览区下部的"新建模板"复选框,可用来设定是否由用户自己来设计图案。

6.1.3　Nero 的设置

刻录光盘之前如果对 Nero 的一些参数和状态进行一些必要的设置,则能大大提高刻录机的效率以及光盘制作的成功率。具体设置如下:

(1) 调整文件缓存

高速缓存是一个临时的数据储存器,光盘刻录机在执行刻录任务时,首先要从硬盘上将待刻录数据读入到刻录机的缓存中,然后再从缓存将数据写入盘片。一定要为"临时文件夹"预留足够大小的空间,因为 Nero 在刻录前会先在硬盘上的这个"临时文件夹"里生成一个和目标盘一样大小的临时文件,没有足够的空间会造成刻录失败,选择一个留有足够交换空间的磁盘至关重要,用户可以自定义缓存的路径及容量。在 Nero Burning ROM 窗口中单击"文件→选项"出现如图 6-9、图 6-10 所示的选项设置。

图 6-9　设置缓存的路径

图 6-10　设置缓存的大小

（2）控制驱动器速度和降速时间

随着光驱速度的增加,产生的噪声会越来越大,其发热量也会随之增加,热量的增加势必影响到光驱内部电子元件的使用寿命,同时也会增大光盘刻录失败的几率。

在 Nero 中有一个非常实用的小工具 Nero DriveSpeed,是用来控制驱动器速度的应用程序。在 Nero StartSmart 主界面上选中"其他→控制驱动器速度"选项,打开"Nero DriveSpeed"窗口,单击"选项"按钮,在其中可以设定、检测、添加、移除速度值和语言等参数。另外在"Nero DriveSpeed"窗口中可以通过下拉菜单分别设置读速度和旋转停止时间,以有效控制光驱速度和降速时间,如图 6-11 所示。

（3）配置刻录权限

Nero 的"配置刻录权限"功能可以为 Nero 选择具有刻录权限的用户。在 Nero StartSmart主界面上选中"其他→配置刻录权限"选项,如图 6-12 所示。

图 6-11　驱动器速度设置窗口

图 6-12　配置刻录权限窗口

（4）刻录完毕后不自动弹出光驱的设置

在 Nero 主窗口中选择"文件→选项"→"高级属性"选项，这时界面如图 6-13 所示，在这里可以对光驱是否自动弹出进行设置。

（5）设置模拟刻录

虽然现在大部分的刻录机都支持"直接写"功能，但是最好在正式写之前进行一次测试。如果出现速度跟不上（Speed testfails）或者操作超时（Buffer underruns）错误，则应该再次整理硬盘，并降低刻录的速度，直到成功为止。具体的方法是在"编译属性"窗口中的刻录选项卡中选择"模拟"复选框，如图 6-14 所示。

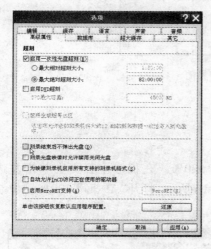
图 6-13　弹出光驱设置

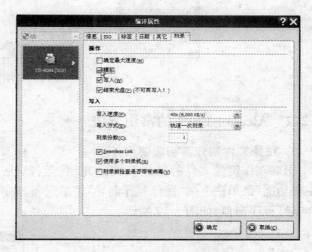
图 6-14　模拟刻录选项窗口

6.2　光盘刻录工具——Alcohol 120％

Alcohol 120％是结合光盘虚拟和刻录的工具软件，它不仅能完整的模拟原始光盘片，而且它还可用 RAM 模式执行 1:1 的读取和刻录，并将光盘备份或以光盘镜像文件方式储存在硬盘上。Alcohol 120％支持直接读取及刻录各种光盘镜像文件，不必将光盘镜像文件刻录出来便可以使用光驱模拟功能运行光盘镜像文件，直接读取和运行光盘内的文件和程序，比实际光驱更加强大。另外，Alcohol 120％最大的特点就是可以支持多家刻录软件的多种镜像文件格式，如果同时有光驱和刻录机，还可以直接将不同类型格式的光盘镜像刻录至空白盘片，方便对光盘及镜像文件的管理。

6.2.1　Alcohol 120％的安装与卸载

Alcohol 120％的安装方法非常简单，按照安装提示单击"下一步"按钮，直到系统提示"重新启动计算机"即完成安装。需要卸载时可执行"开始→程序→Alcoholtoolbar→Uninstall"命令，按照其中提示一步步进行。执行"开始→程序→Alcohol 120％→Alcohol 120％"命令，即可启动程序主界面，如图 6-15 所示。

图 6-15　Alcohol 120％主窗口界面

6.2.2　Alcohol 120%的常用方法

1. 镜像文件制作与初级使用

把要制作镜像文件的源光盘放进光驱,运行 Alcohol 120％。在程序主界面上单击左边"主要功能"菜单栏上的"镜像制作向导"菜单选项,如图 6-16 所示,打开"Alcohol 120％镜像制作向导"程序窗口,如图 6-17 所示。

图 6-16　主功能菜单

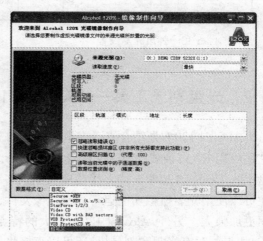

图 6-17　镜像制作向导

如果有多个光驱,需在"来源光驱"下拉菜单中选择刚才放置镜像源光盘的光盘驱动器,通常为了节省时间"读取速度"选择默认的最大值。由于"忽略读取错误"、"快速忽略损坏扇区"、"高级扇区扫描"等选项可以避免制作镜像失败,所以这里将这几个选项都勾选上。界面最下方的"数据格式"是针对不同的"光盘防拷技术"数据光盘而设置的,如果复制的光盘有"光盘防拷技术",就必须在"数据格式"下拉菜单中选择要破解的防拷格式,Alcohol 120％就会针对不同格式光盘做出相应的破解机制,然后单击"下一步"按钮进入下一个制作向导界面"选择目标目录"窗口,如图 6-18 所示。

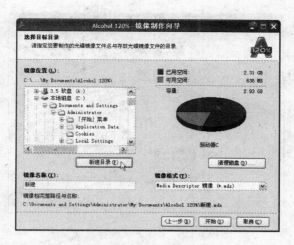

图 6-18 "选择目标目录"窗口

在图 6-18 中,"镜像位置"和"镜像名称"分别用于重新设置镜像文件保存路径和镜像名称,"镜像格式"下拉选项中提供了除 Alcohol 120% 本身的".mds"格式外还有".ccd"、".iso"、".bin"等多个选项,根据自身情况选择要输出的镜像文件格式,单击"开始"按钮制作镜像文件。待镜像文件制作好,程序就自动返回主界面,这时镜像会出现在主界面的镜像文件管理栏中,如图 6-19 所示。

图 6-19 载入镜像文件

在图 6-19 中用鼠标右键单击该镜像文件,在弹出的菜单中选择"载入设备→(光驱名:)"即可将镜像文件装载到 Alcohol 120% 的模拟光驱中。载入文件后,如果源光盘本身有自动运行功能,则会自动运行光盘的启动菜单画面。

2. 镜像文件烧录

Alcohol 120% 不但支持多种格式镜像文件模拟,而且可以对这些镜像文件进行烧录和还原操作。

(1)镜像关联

在烧录之前,必须先对镜像文件的关联进行设置,在 Alcohol 120% 主界面上用鼠标单击左边"选择"菜单栏上的"模拟→扩展关联"选项,在默认情况下 Alcohol 120% 只对其本身 .mds 镜像做关联支持,可以单击"全选"按钮或者单独选择自己所需要的镜像文件格式关联支持,然后单击"确定"按钮退出,如图 6-20 所示。

(2)镜像检索

Alcohol 120% 提供了搜索本地计算机内的所有镜像文件的检索功能。在主界面上单击"主要功能"栏上的"镜像搜索"选项,程序自动弹出"镜像搜索"功能页面。在"范围"下拉框中

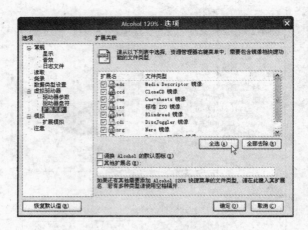

图 6-20　文件关联设置窗口

选择要搜索镜像文件的范围,在镜像文件格式中选择镜像文件格式,再单击"搜索"按钮,Alcohol 120％就可以在众多的文件中把镜像文件找出来,就像在 Windows 下查找文件一样方便。就算关闭"镜像搜索"功能页面,程序也会把搜索到的镜像文件自动添加在 Alcohol 120％ 主界面的"镜像管理区"列表中。

(3) 镜像烧录

在 Alcohol 120％ 主界面的"镜像管理区"中,除可将选定的镜像文件插入到模拟光驱中使用外,还可以修改镜像的文件名称,以便记忆,甚至还可以在这里直接烧录镜像文件,而这些功能都全部是通过鼠标右键来实现的,充分发挥了鼠标的右键功能,操作起来更加方便。

首先在"镜像管理区"中用鼠标右键单击需要烧录的镜像文件,在其弹出的菜单列表中选择"镜像烧刻向导"选项,如图 6-21 所示。这时弹出如图 6-22 所示的 Alcohol 120％ 镜像烧录向导对话框。

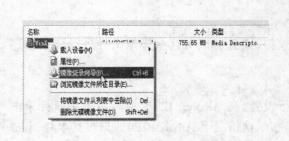

图 6-21　刻录镜像文件

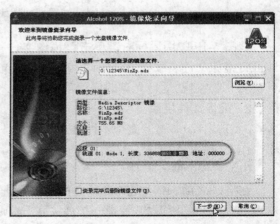

图 6-22　镜像文件刻录向导

注意:在"镜像文件信息"栏上部显示的大小为"755.65MB"的镜像文件并非要烧录的文件大小,下面用圈圈起来的"658MB"才是真正镜像文件的实际容量。接着勾选"烧录完毕后删除镜像文件"复选框,单击"下一步"按钮。

最后在如图 6-23 所示的"准备好光碟刻录机"窗口中对刻录机的写入参数进行设置。写入速度一般可以根据空白光盘的速度选择，但是在刻录一些带有"防拷技术"的特殊光盘时，还是尽量选择低速写入，因为这样的成功率相对会高一点。

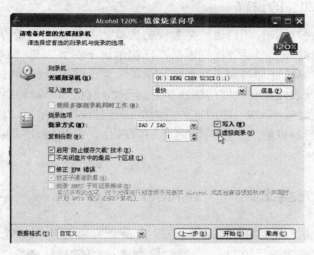

图 6-23　刻录参数的设置

另外如果担心镜像烧录失败，可以把"虚拟烧录"选项勾选起来，先测试烧录的成功与否，等虚拟烧录测试通过后，确定可以成功烧录再进行实际烧录写入光盘。至于最下面的"数据格式"选项，除非清楚烧录的镜像文件是那一种资料格式才自行设置，例如要烧录的镜像文件格式是 VCD 光盘镜像就选择"Video CD"，相同的，如果烧录有"防拷技术"的特殊光盘又不知道镜像使用了那一种"防拷技术"时，应该把镜像加载到 Alcohol 120% 的模拟光驱上后，用相关软件进行测试确定是何种技术，然后再在"数据格式"中选择对应的镜像类型。最后单击"开始"按钮进行刻录。

3．光盘快速复制

光盘复制的方式可以分为"把源光盘制作成镜像文件再刻录到光盘"和"直接对拷复制"两种方式。下面是光盘对拷复制的简单操作：首先，把要复制的源光盘放入到光驱，把空白光盘放进刻录机，启动 Alcohol 120% 程序主界面。在"来源光驱"下拉框中选择放置复制源光盘的光驱；读取速度设置为"最快"。像制作镜像文件一样，设置光盘"忽略读取错误"和"快速忽略损坏扇区"选项。界面最下面的"数据格式"选项，要根据源光盘的数据格式或根据光盘使用的防拷贝技术来选择相应的格式，然后单击"下一步"按钮，如图 6-24 所示。

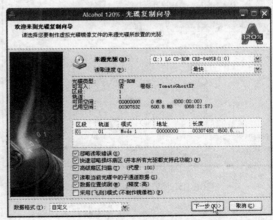

图 6-24　光盘复制向导

最后，要在如图 6-23 所示的界面中设置刻录机的一些刻录参数，"光碟刻录机"选择放置空白光盘的刻录机，"写入速度"建议不要设置得太快，因为相对较低的写入速度可提高光盘复制成功率。如果烧录的是"特殊"的光盘,在"烧录方式"选项中则选择以"DAO/SAO"(Disk At Once)1:1 的复制方式。最后单击"开始"按钮复制光盘。

6.2.3　Alcohol 120%的设置

"采用(飞刻)模式"(on-the-fly)也就是常说的边读边写的快速刻录方式,这种方式的好处可以节省大概一半的时间。但是要注意不是在任何情况下都适合选择这种复制方式的,因为尽管现在高频率的计算机处理器和大容量的刻录机缓存足够应付(飞刻)模式时产生的数据处理,但是由于光驱在读取性能和数据传输速度上远不如硬盘,如果说复制的源光盘因为刮花或者其他原因使读取的时候不顺畅,使用这种一边从源光盘读取数据,一边实时写入光盘的刻录方式,即使是开启了刻录机的"无缝连接"之类的防缓存欠载功能,还是会有"飞盘"的情况出现。

6.3　制作虚拟光盘工具——WinISO

WinISO 是一款功能强大的光盘工具,几乎支持所有磁盘映像格式文件,它可以任意添加、删除、修改磁盘文件中的目录和文件,最后保存成 ∗.ISO 格式文件,WinISO 的体积小巧、界面简明、操作简单是制作 ISO 文件的一款利器。

6.3.1　WinISO 的安装与启动

双击安装文件,在安装向导指引下连续单击"下一步"按钮,直到出现安装完成界面。安装结束后,执行"开始→程序→WinISO→WinISO"命令,这时弹出 WinISO 的主界面,如图 6-25 所示。WinISO 工具栏如图 6-26 所示。

图 6-25　WinISO 界面主窗口

图 6-26　WinISO 工具栏

6.3.2　WinISO 的常用方法

1. 编辑映像文件

(1) 创建新 ISO 文件

1) 首先在主界面中单击"新建"按钮。

2）然后再从资源管理器中将文件拖放至 WinISO 主程序窗口。

3）最后单击"保存"按钮,为创建的 ISO 文件选择存放路径。

(2) 在 ISO 映像文件中增加新文件

1）首先单击"打开"按钮,打开一个 ISO 文件。

2）其次从资源管理器中拖动文件或文件夹至 WinISO 主程序窗口中,或在主界面中单击"添加"按钮添加文件。

3）最后单击"保存"按钮保存文件,这样 ISO 映像文件中就新增了文件。

(3) 从当前映像文件中删除文件

1）首先单击"打开"按钮,打开一个映像文件。

注意:如果在打开 CD 映像文件时,该文件中包含 audio 文件信息,WinISO 将跳出提示框报警。该提示信息表明 WinISO 只能提取/浏览/运行,而不能编辑该文件。

2）其次选取要删除的文件或者文件夹,单击"✕"按钮即可。

3）最后单击"保存"按钮,完成对当前映像文件的删除。

(4) 在 ISO/BIN 文件中提取文件

1）单击"打开"按钮打开当前 ISO 文件,选择希望提取的文件或文件夹。如果这是一个 .BIN 文件,并且希望提取其中的 audio 文件信息制作 WAV 文件,或者解开 VideoCD 的 DAT 文件,请参考从 BIN 到 ISO 的转换操作。

2）最后单击"提取"按钮,或按下键盘上的〈F5〉键,将提取的文件存放或者直接将提取的文件拖动至资源浏览器。

2．从 CD-ROM 光驱中创建 ISO 文件

1）单击主菜单栏"操作"选项,选择其中的"从 CD-ROM 制作 ISO"选项,或直接按下键盘的〈F6〉键,这时弹出"从 CD-ROM 制作 ISO 文件"窗口,如图 6-27 所示。

2）在窗口中选择 CD-ROM 的盘符,选择要创建的 ISO 文件存放的目录。这里"ASPI"选项的意思是

图 6-27 "从 CD-ROM 制作 ISO 文件"窗口

使用 Windows 系统内部的 ASPI 接口驱动程序去读光驱,这种方式有着很高的效率和速度,并且它在 ISO 文件里可以记录下启动光盘的启动信息,在此推荐用户使用这种方式来从光驱创建 ISO 文件。如果发现"ASPI"驱动程序报告"不能使用 ASPI"的时候,应该选择"文件"方式去创建,但是"文件"方式中有个值得注意的问题:如果光盘是启动光盘的话,则 ISO 文件中就会丢失源光盘中的启动信息。最后单击"制作"按钮,开始创建 ISO 文件,如图 6-27 所示。

3．处理启动光盘的启动信息

1）当 WinISO 打开一个 CD 映像文件,主程序将会检查启动信息。

2）用户可以载入、保存、删除 CD 映像文件中的启动信息,并能够从软盘制作启动信息,如图 6-28 所示。

4．转换映像文件

(1) BIN 文件格式转换为 ISO 文件格式

1）单击菜单栏中的"转换"菜单,选择其中"BIN 转换为 ISO…"选项,如图 6-29 所示,这时弹出"BIN 转换为 ISO…"的对话框。或者直接单击"转换"按钮,弹出"转换任何格式为

ISO 格式"的对话框。

图 6-28 制作引导文件   图 6-29 WinISO 文件转换菜单

2）接下来，单击"…"浏览按钮，在对话框中选择来源文件，并选择文件转化后存放的文件夹。最后单击对话框中的"转换"按钮，即可完成转换工作。

注意：如果 BIN 文件包含 audio/video 文件信息，在 WinISO 正确识别后弹出"高级转换"窗口，在其中可选择所要转换的轨道，选择"数据轨道"将被转换为 ISO 文件；选择"音乐轨道"将被转换为 WAV 文件；选择"视频轨道"将被转换为 DAT 文件。

（2）ISO 文件格式转换为 BIN 文件格式

1）单击菜单栏中的"转换（C）"菜单，选择其中的"ISO 转换为 BIN…"选项，随后弹出"ISO 转换为 BIN…"对话框。

2）单击对话框中的"…"浏览按钮，在对话框中选择来源文件，并选择文件转化后存放的文件夹，然后单击对话框中的"转换"按钮，即可完成转换任务。

（3）其他文件格式转换

1）单击主菜单栏的"转换（C）"菜单，选择其中的"其他格式转换 …"命令，弹出"转换任何格式为 ISO 工具"对话框。

2）单击对话框中的"…"浏览按钮，在对话框中选择来源文件，并选择文件转化后存放的文件夹，然后单击对话框中的"转换"按钮。

（3）批量转换文件格式

1）单击主菜单栏的"转换（C）"，选择"批量转换映像格式 …"命令，这时弹出"批量映像文件转化器"对话框。

2）单击对话框中的"…"浏览按钮，在对话框中选择来源文件，并选择文件转化后存放的文件夹，然后单击对话框中的"转换"按钮。

6.4 虚拟光盘工具——Daemon Tools

Daemon Tools 是一款虚拟光驱软件，安装后不需重起即可使用，支持 PS、支持加密光盘。可以把从网上下载的 CUE、ISO、CCD、BWT 等镜像文件模拟成光盘直接使用，也就是说可以不用把镜像释放到硬盘或者刻成光盘，就可以当作光驱一样用。

6.4.1 Daemon Tools 的安装

从互联网上下载 Daemon Tools 的安装文件，之后双击这个安装程序，在弹出来的对话框中保持软件默认值，连续单击"下一步"按钮便可以完成程序的安装。待安装完毕后 Daemon Tools 会自动加载，在屏幕右下角的任务栏里面会有一个 Daemon Tools 的图标。就是"   2:06   "图中框中的红色图标。

6.4.2 Daemon Tools 的常用方法

在默认情况下，Daemon Tools 是随系统一起启动的。在任务栏中，右键单击图标，会弹出一个菜单，共有5个子菜单，如图 6-30 所示。

图 6-30　Daemon Tools 选项菜单

"退出"就是退出 Daemon Tools，退出后图标会从任务栏中消失，想要再次使用 Daemon Tools 可以双击桌面上的 Daemon Tools 图标。

"帮助"菜单里面提供的是软件的版本信息、使用手册介绍与邮件支持等功能，与使用镜像文件的关系不大，这里不作过多叙述。下面介绍一下"虚拟 CD/DVD-ROM"、"模拟项目"和"选项"三个菜单的功能：

1. 虚拟 CD/DVD-ROM 菜单

（1）设定虚拟光驱的数量

Daemon Tools 最多可以支持 4 个虚拟光驱，用户可以按照需求设置，如图 6-31 所示。设置完驱动器的数量后，在"我的电脑"里面可以看到新的光驱图标。

（2）加载镜像文件

如图 6-32 所示，右键单击程序图标，在弹出菜单中选择"虚拟 CD/DVD-ROM→安装镜像文件"选项。在弹出窗口中添加镜像文件，这时打开"我的电脑"就可以看到已经插入的虚拟光盘了。值得注意的是，如果想换光盘的话，先卸载镜像文件，如图 6-33 所示，然后再插入其他镜像文件，这样速度要比直接插入新的镜像文件快很多。如果要卸载所有驱动器里面的镜像文件，可以选择"卸载全部驱动器"选项。

图 6-31　设定虚拟光驱数量

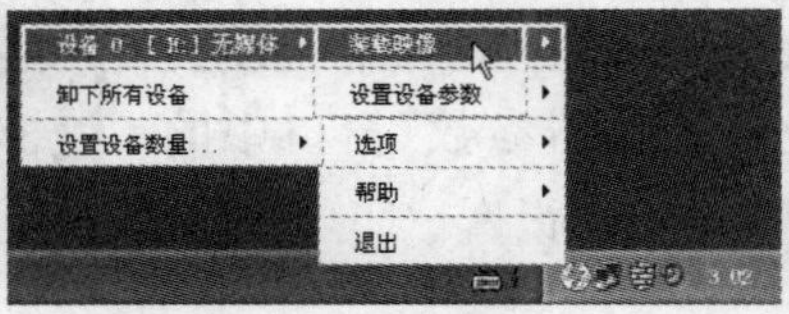

图 6-32　加载镜像文件

图 6-33　卸载镜像文件

2. 模拟项目菜单

在任务栏中，右键单击程序图标，在"模拟项目"中可以看到如图 6-34 所示的选项，该选项用于插入虚拟光盘后发现不起作用时使用。例如：虽然已经加载了镜像文件，但在"我的电脑"里面却看不到，或者可以看到光盘，但是操作的时候总是出错。那么可以试试"模拟项目"里的选项。模拟项目里面有四个选项，当要插入 MDS 格式的镜像文件时，选择"RMPS"选项即可。如果这张文件使用光盘保护技术的话，应该选择"Safedisc"选项。而其他选项用到的时候比较少，如果选择"RMPS"和"Safedisc"同样不起作用的话，可以试试其他选项。

3. 选项菜单

右键单击程序图标，在"选项"菜单中有 5 个常用项目，如图 6-35 所示。

（1）模拟音频

如果插入的是 CD 音乐光盘镜像文件，那么要选择"模拟音频"选项，否则可能放不出声音。其他镜像光盘不用选择这个选项。

图 6-34　模拟项目的选择

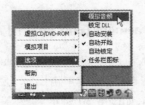

图 6-35　选项菜单的设定

（2）自动安装

插入一张镜像文件，如果选择了"自动安装"选项，那么在系统重新启动或者关机后再开机，这张镜像光盘就会自动加载。对于经常使用镜像光盘的用户建议选择这个选项，这样就不用每次使用镜像文件前先要插入镜像光盘了。

（3）自动开始

选择这个选项，系统启动的时候 Daemon Tools 会自动加载，建议不要选择。为了节约内存资源，需要的时候再运行 Daemon Tools，以便更快地运行系统和其他程序。这个选项不会影响前面的"自动安装"选项，即使不选择"自动开始"，只要插入了镜像光盘并且打开了"自动安装"，那么系统启动时仍会自动加载镜像光盘。

自动锁定和任务栏图标必须打开自动开始才可以选择，它们的用处不大，不选择也不影响正常使用。

6.4.3　Daemon Tools 的设置

如图 6-36 所示，在 Daemon Tools 中可以设置驱动器的参数：

选择"虚拟 CD/DVD-ROM 菜单→驱动器→设置驱动器参数"。在弹出的"设置驱动器参数"窗口中的"驱动器盘符"中进行虚拟光驱盘符等设置。

图 6-36　设置驱动器参数

6.5　其他相关工具软件介绍

PowerISO：CD/DVD 映像文件处理软件，它可以创建、编辑、展开、压缩、加密、分割映像文件，并使用自带的虚拟光驱加载映像文件。PowerISO 使用方便，支持 Shell 集成，剪贴板和拖放操作。PowerISO 支持 ISO、BIN、NRG、IMG 等几乎所有常见的映像文件。

1. UltraISO

光盘映像文件制作/编辑/格式转换工具，它可以直接编辑光盘映像和从映像中直接提取文件，也可以从 CD-ROM 制作光盘映像或者将硬盘上的文件制作成 ISO 文件。同时，也可以处理 ISO 文件的启动信息，从而制作可引导光盘。

2. Magic ISO Maker

CD/DVD 镜像文件编辑工具，程序可以快速地创建、编辑、释放 ISO 光盘镜像文件并将光盘或者硬盘上面的文件直接制作作为 ISO 光盘镜像文件，可直接创建可引导系统的光盘镜像文件，支持所有已知的光盘镜像文件格式，可以对 ISO、BIN、NRG、CIF 等光盘镜像文件格式之间直接进行互相转换操作,并支持刻录功能。

6.6　习题

1. 将硬盘中的数据通过相关软件刻录成为带有启动功能的光盘。
2. 利用 CD-ROM 和光盘刻录机复制同源光盘内容相同的光盘。
3. 将一段视频文件制作成 VCD 光盘。
4. 利用软件将光盘文件制作成能够在虚拟光驱中操作的镜像文件。
5. 将硬盘中的文件合并制作成 ISO 文件并刻录成光盘。

第7章 图文图像处理工具软件

随着各种图文处理软件的出现,图文有了生命力。在经历了 AVI、Stream 以及 MPEG 这三次发展后,各种图文浏览、图文捕捉、图文制作、动画制作等软件也一步步升级,用户操作更加方便快捷,使用图文处理软件也慢慢变成了人们娱乐的一种方式。

7.1 图文处理工具介绍

图像浏览软件 ACD See 能够从数码相机、扫描仪和 USB 设备下载图像,是一个对图像进行浏览、组织的常用工具。PDF 的安全性和跨平台性越来越赢得用户的欢迎,阅读 PDF 文档的工具也相继出现,Adobe Reader 就是其中的一种,自 Adobe Reader 6.0 版本以来,Adobe Reader 还能复制 PDF 文档,功能有所增强。SnagIt 是比较流行的抓图软件,能够捕获窗口、菜单、文本、屏幕等,还能录制屏幕视频,支持多种格式的图片输出,是一款执行效率高的软件。动画制作工具 GIF Animator 不仅能制作动画图片还能制作动画文字,操作比较简单。本章就介绍这几款比较常用的图文处理工具。

7.2 图像浏览工具——ACD See

ACD See 是目前最流行的数字图像处理软件,它能广泛应用于图片的获取、管理、浏览、优化和他人的分享等方面。ACD See 能从数码相机和扫描仪高效获取图片,并且能够对图片进行查找、组织和预览。另外,它能处理如 MPEG 之类的视频文件,能从影像文件中提取图像和为图像增加声音,还可以制作电子相册、屏幕保护和幻灯片等。ACD See 还是图片编辑工具,可以处理数码影像,拥有去红眼、剪切图像、锐化、浮雕特效、曝光调整、旋转、镜像等功能,并且能够对影像进行批量处理。

从 ACD See 8.0 开始,这款图形浏览软件正式更名为"ACD See 8 Photo Manager",其功能也从当初的单一视图过渡到了全面的图形管理。

7.2.1 ACD See 8.0 的安装与启动

在网站或软件出售店获取 ACD See 8.0 的安装程序,运行安装文件,展开安装向导进行安装,如图 7-1 所示。单击"Next"按钮,进入许可协议界面,选择"I accept the terms in the license agreement",单击"Next"按钮,进入用户注册界面,填写"User Name"(用户名)、"Organization"(组织)和"License Number"(序列号)。注意,前两项可随意填写,序列号必须正确填写才能继续安装,在这里,用户也可以选择"Trial"选项,省去了填写序列号,但软件只能使用30 天。然后单击"Next"选择默认选项,直到进入完成安装界面,单击"Finish"完成安装,如图 7-2 所示。

由于 ACD See 8.0 没有正式的中文版,一般在安装好原版后还需要安装一个汉化补丁。

其安装进程与上述相似,只需单击"下一步"按钮即可。只是要注意汉化补丁和英文版要安装在同一目录下。另外在汉化时要先关闭任务栏中的 ACD See 8.0 设备检测器,否则汉化不完整。

图 7-1　安装向导

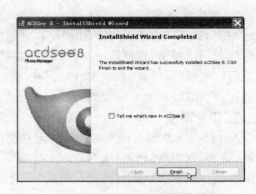

图 7-2　安装完成界面

启动 ACD See 8.0 可直接双击桌面图标，也可单击"开始→程序→ACD Systems→ACD See 8.0"。启动后可看见主程序界面上的菜单栏、工具栏、浏览方式选项栏、预览窗口、清单选项栏、图像篮子、任务面板,其主界面如图 7-3 所示。ACD See 8.0 启动时程序默认打开"我的文档"中的"图片收藏"。

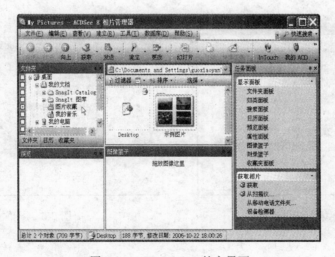

图 7-3　ACD See 8.0 的主界面

7.2.2　ACD See 8.0 的基本功能

1. 快速搜索

通过 ACD See 8.0 可以快速找到照片,在"快速搜索"工具栏里输入要找的图片文件夹名称,如图 7-4 所示。然后单击"快速搜索"按钮,如果机器内存有此文件夹,就会搜索到相关项目。

快速搜索

图 7-4　快速搜索工具栏

2. 数据库特性

ACD See 8.0 数据库里的功能是非常强大的,它能够减少计算机载入缩略图和文件信息的总体时间。单击"数据库→文件归类"选项,进入"编目文件向导"对话框,如图 7-5 所示。在这里可以选择"编目我的图片文件夹"或"编目一个特定的文件夹组合",通过编目图像和媒体文件提高 ACD See 8.0 的性能。

3. 图片浏览

ACD See 8.0 具有强大的图片浏览功能,适用于多种浏览模式,常见的有幻灯片、缩略图、平铺、图表、列表、详细资料、缩略图+详细资料七种格式。选择 ACD See 8.0 菜单栏的"查看"命令,在它的下拉菜单中的"查看模式"下找到相应的图片浏览模式即可。

4. 屏幕捕捉

ACD See 8.0 具有屏幕捕捉功能,能够捕捉当前桌面、窗口、区域、对象四种类型,用户可以方便地把捕捉到的内容放置到剪贴板、文件、编辑器目标文件中。在捕捉时可以设置捕捉热键、捕捉计时的相关信息。选择"工具"菜单中的"屏幕捕捉"选项,进入"屏幕捕捉"界面,如图 7-6 所示。按照捕捉要求设置好后,单击"开始"按钮,然后按下捕捉热键,在设置的捕捉延时内即可捕捉到相应信息,然后自动进入"捕捉图像另保存"对话框,用户可以把捕捉到的图片保存到相应位置。

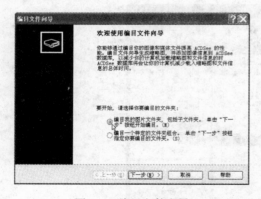

图 7-5　编目文件向导

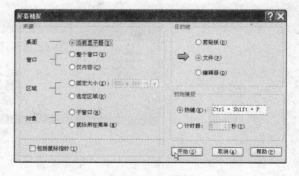

图 7-6　屏幕捕捉

5. 编辑图片

ACD See 8.0 能对图片进行编辑,双击一幅图片进入 ACD See 8.0"相片管理器"窗口,单击编辑图标，进入编辑状态,能够对所选图片进行曝光、去红眼、锐化、噪点、剪裁、添加文本等操作,如图 7-7 所示。

6. 转换文件格式

ACD See 8.0 的一个重要功能就是能够转换文件格式,可以在各种不同类型的图形文件之间进行转换。支持包括 GIF、BMP、JPG、IFF、PNG、PSD、TGA 等十几种图像格式。选中一幅图片,选择"工具→转换文件格式"命令,进入"转换文件格式"对话框,如图 7-8 所示。在格式面板中,选择要转换的文件格式,单击"下一步"按钮,进入"设置输出选项"对话框,用户根据需要选择,然后单击"下一步"按钮即可进行图像格式的转换,转换完成后,进入转换完成界面,单击"完成"按钮,完成格式转换操作。

图 7-7　编辑图片　　　　　　　　　　　　　　　图 7-8　"转换文件格式"窗口

7. 制作 SendPix 相册

ACD See 8.0 能够制作 SendPix 相册,通过 SendPix 服务器上传给他人。具体步骤如下:在"文件"菜单中选择"SendPix 相册"命令,如图 7-9 所示。进入"SendPix 图像共享向导",如果查看以前建立过的相册,选择"查看已存在相册"选项。在这里,选择"新建相册",如图 7-10 所示。单击"下一步"按钮,进入组织和调整图像对话框,如图 7-11 所示。在这里用户可以通过"添加"按钮把图片添加到相册中,图片添加完毕后,单击"下一步"按钮,输入相册名称,单击"下一步"按钮,输入对方的 E-mail 地址、发件人的账号和消息内容,注意用户账号必需填写,然后单击"下一步"按钮即可往 SendPix 服务器上传送数据了,单击"发送"按钮上传相册,如图 7-12 所示。上传完成后,用 ACD See 8.0 制作的相册就会在对方的邮件里出现了。

图 7-9　选择菜单命令　　　　　　　　　　　　　图 7-10　SendPix 图像共享向导

另外,ACD See 8.0 还可建立幻灯片、光盘、图册等,用户只需选择"建立"菜单下的相关命令,然后根据需要按照提示进行设置即可。

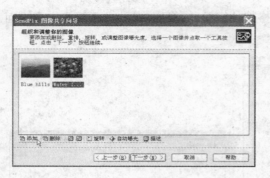

图 7-11　添加图像

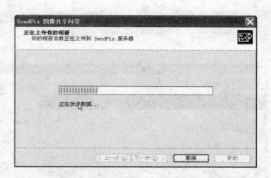

图 7-12　上传相册

7.2.3　ACD See 8.0 的简单设置

打开 ACD See 8.0,可以通过左边的文件夹选择图片,单击所要选择的文件夹,在"清单选项栏"窗口中可以看到文件夹里相应的图片,如图 7-13 所示。在选中的图片上单击鼠标右键选择"属性"命令,就会在窗口右侧出现属性面板,如图 7-14 所示。在其中可以输入图片标题、图片的日期时间、作者、注释、关键字等信息,在级别中可以选择从 1 到 5 这几种,在种类中可以选择风景、人物、相册、杂类。用户可以根据需要进行设置,设置的目的是便于图片的查找和归类。

图 7-13　选择文件

图 7-14　属性设置

用户在查看日历功能时,发现有的月份不是灰色的,如图 7-15 所示,这说明在这几个月里有相关的图片。用鼠标左键单击相应的不是灰色的月份,即可看到与本月有关的图像。另外,用户还可以根据需要切换到年查看、切换到月查看、切换到日查看,只需单击相关按钮即可实现。在这里选择"选项"命令,进入选项窗口,如图 7-16 所示。数据类型面板中包括数据库日期、元数据日期、文件更新日期、文件建立日期选项,用户根据对图片时间信息的组织选择相应的选项,在启始周面板中,可以在周一到周日这几天中进行选择,另外还可以设置滤镜、时间格式的信息。

116

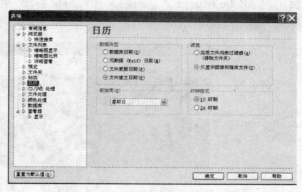

图 7-15 选择日历选项　　　　　　　　　图 7-16 日历功能设置窗口

7.3 文档阅读工具——Adobe Reader

Adobe Reader 是能够用来查看和打印 PDF 文档的工具软件。它能够阅读和浏览任何系统、任何文档编辑器建立的 PDF 格式文件，并保持 PDF 文件原有的外观。因此，它是查看、阅读和打印 PDF 文件的最好工具。PDF 文件是 Adobe 公司开发的电子文件格式，是被压缩过的可以共享、浏览和修改的文件格式，能够通过 Adobe Acrobat Reader 进行严密的封装，并具有跨平台性。最新版本的 Adobe Reader 7.0 提高了 PDF 文件打开和浏览的速度。

7.3.1 Adobe Reader 7.0 的安装

获取 Adobe Reader 7.0 的安装程序后，进行安装，安装向导如图 7-17 所示。在这个安装向导中单击"下一步"按钮，进入 Adobe Reader 7.0 的安装。然后只需单击"下一步"按钮采用默认设置即可，直到到达它的安装路径界面后，可以选择 Adobe Reader 7.0 的安装路径，或采用默认的安装路径，单击"下一步"按钮，进入安装界面，然后单击"安装"按钮进行安装，安装完毕出现安装完成界面，单击"完成"按钮完成安装，如图 7-18 所示。

图 7-17 安装向导　　　　　　　　　　图 7-18 安装完成

双击桌面上的快捷图标，或在开始程序中找到 Adobe Reader 7.0 进行启动。首次启动时会出现 Adobe Reader 7.0 的中文许可协议界面,单击"接受"按钮进入 Adobe Reader 7.0 的主界面,如图 7-19 所示。

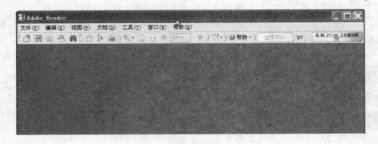

图 7-19　主界面

7.3.2　Adobe Reader 7.0 的基本操作

1. 阅读 PDF

Adobe Reader 7.0 有阅读 PDF 文档的功能。选择"文件→打开"选项,进入"打开文件"对话框,选择要打开的 PDF 文档,单击"打开"按钮,打开的 PDF 文档便自动出现在 Adobe Reader 7.0 界面中。鼠标放在阅读窗口中会变成小手形式,如图 7-20 所示,通过鼠标可以上下拖动页面,通过界面下面的上一页、下一页、第一页和最后一页按钮,可以转换 PDF 文档的页面。

另外在 Adobe Reader 7.0 的左侧选择页面按钮,可以看到 PDF 文档的页面顺序排列,如果用户在阅读时需要显示 PDF 文档章节,可以选择界面左侧的书签按钮。另外还有图层、注释、附件选项,用户根据阅读需要选择所需的方式。在阅读时,还可以单页、连续页、连续对开式、对开方式进行阅读,通过选择下面相应的按钮可以方便实现。

2. 复制 PDF

Adobe Reader 7.0 能够复制 PDF 文档。打开 PDF 文件,选择工具栏里的选择工具，用鼠标左键拖拉的方式,选中文档中要复制的文字,选中的文字呈蓝色显示,然后单击鼠标右键,选择"复制到剪贴板"选项,如图 7-21 所示。可将复制的内容粘贴到 DOC 文档或者 TXT 文档中。复制图像是同样的过程,在工具栏里选择工具命令,在图片上单击鼠标左键,整个图形即可选中,单击鼠标右键选择"复制到剪贴板"命令,然后将复制的图形粘贴在 DOC 文档或图形软件中,注意不能粘贴在 TXT 文档中。

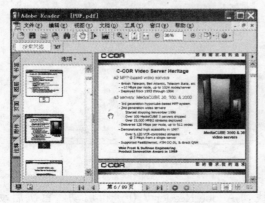

图 7-20　阅读 PDF

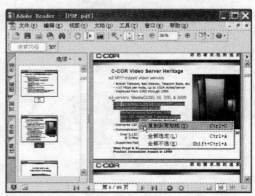

图 7-21　PDF 文档文字的复制

3．给 PDF 拍照

Adobe Reader 7.0 还具有给 PDF 文档拍照的功能。打开一个 PDF 文档,选择工具栏的快照工具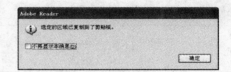。用鼠标左键拖拉,所选区域被虚线包围,如图 7-22 所示。松开鼠标左键,拍照完成,Adobe Reader 7.0 会自动提示用户所选区域已自动复制到了剪切板,如图 7-23 所示,复制的内容可在 DOC 文档或图像软件中粘贴编辑。

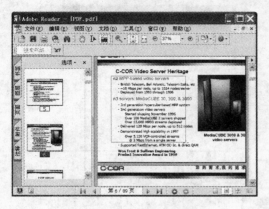

图 7-22　给 PDF 拍照　　　　　　　　图 7-23　拍照完成对话框

4．朗读 PDF

Adobe Reader 7.0 中有朗读 PDF 文字的功能。选择"视图"菜单中的"朗读"选项,在下拉菜单中选择"仅朗读此页",就可听到关于本页文档的朗读。如果选择"朗读到文档结尾处",朗读将在 PDF 文档的结束处停止,如果用户使用的是 Windows XP 简体中文版,则 Adobe Reader 7.0 可以朗读中文。

5．阅读 ebook

ebook 是一种网络电子图书,而 Adobe Reader 7.0 就能阅读此类书籍。选择"文件→数字出版物",在下拉菜单中选择"Adobe Digital Media Store",打开一个 IE 窗口,里面是世界各地各种语言的 ebook 文档,用户可以边阅读边下载。另外,Adobe Reader 7.0 会自动记下阅读过的电子书的位置,通过选择"文件→数字出版物→我的数字出版物"可直接打开上次阅读过的 ebook。

6．打印

Adobe Reader 7.0 还有打印 PDF 文档的功能。选择工具栏里"打印"按钮,进入打印对话框,如图 7-24 所示。可对打印范围、页面处理等属性进行设置。选择打印机选项里的属性按钮,能够设置页面大小和方向,在高级选项里设置输出格式,如图 7-25 所示。

7.3.3　管理 PDF

Adobe Reader 7.0 集成了一个 PDF 文档管理器,它能够对硬盘上所有的 PDF 文档进行分类管理。选中"文件→数字出版物→我的数字出版物"选项,进入文档管理器,选择"添加文件"按钮,进入添加文件对话框,可以把要管理的 PDF 文档添加进来,如图 7-26 所示。

每个文档可定义为两种种类,分别是种类 1 和种类 2,每个种类都有小说、历史、参考等属性,用户可根据 PDF 文档的类型进行归类,当所有的添加进来的 PDF 文档都定义了属性后,下次要阅读时就可直接在窗口上方的下拉框中按类别直接查找,如图 7-27 所示。

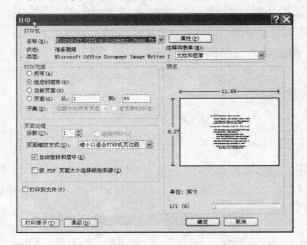

图 7-24　打印设置

图 7-25　页面设置

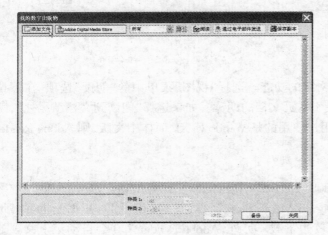

图 7-26　文档管理器

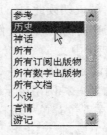

图 7-27　分类查看

7.4　抓图工具——SnagIt

　　SnagIt 是一个功能强大的抓图软件。具有屏幕、文本和视频捕获功能,可以捕获 Windows 屏幕、DOS 屏幕、RM 电影、游戏画面、菜单、窗口等。图像可被存为 BMP、PCX、TIF、GIF 或 JPEG 格式,还可以存为系列动画。另外 SnagIt 还拥有包括光标,添加水印等设置,能嵌入到 Word、PowerPoint 和 IE 浏览器中。抓取的图片可以同时输出到打印机、剪贴板、文件、电子邮件、目录册、网络、预览窗口中。SnagIt 还自带有编辑器,可以对捕捉到的图像进行编辑。下面就来介绍这款软件。

7.4.1　SnagIt 8 的安装启动

　　运行 SnagIt.exe 文件进行安装,进入安装向导,单击"Next"按钮,如图 7-28 所示。进入安装许可协议界面,选择"I accept the license agreement",单击"Next"按钮,填写用户名和公司的信息,这两项可随意填写。单击"Next"按钮进入软件注册界面,选择"Licensed-I have a key",然后填写序列号,可在安装程序中获得,序列号必须正确填写,否则安装不成功。如果选择"30 day evaluation",软件只能使用 30 天。单击"Next"按钮进入"安装类型"界面,有"Typical"(普通安装)和"Custom"(典型安装)两种模式,用户可根据需要选择,这里选择"Typical"(普通安装)。单击"Next"按钮进入安装选项对话框,在这里,可根据需要自行选择,被选的项前面会打上对勾,选择好后,单击"Next"按钮开始安装。安装完成后,进入安装完成对话框,单击"Finish"按钮完成安装,如图 7-29 所示。

图 7-28 安装向导

图 7-29 安装完成

由于没有正式的汉化版,在英文版安装结束后,还需安装汉化版对软件进行汉化。汉化版的安装比较简单,只需单击"下一步"按钮即可。需要注意的是,在汉化前要关闭开启的 SnagIt 8程序,汉化版要和英文版安装在同一目录下。

双击桌面上 SnagIt 8 的快捷方式，或在开始程序中找出 SnagIt 8 进行启动。启动后的界面如图 7-30 所示。

图 7-30 主界面

7.4.2 SnagIt 8 的使用

1．界面介绍

SnagIt 8 有一个全新的界面布局，左边是快速启动和相关任务栏，右边变成了一个像 Windows 资源管理器一样的界面，相关的功能以文件夹样式的按钮组织。抓图时只需单击相应方案，就可实现不同的截屏效果。

SnagIt 8 软件下方提供了一个菜单式捕获配置设置，这也是 SnagIt 8 的新特色，单击菜单即可设置相关功能的输入和输出细节，如图 7-31 所示。

单击 SnagIt 8 左侧相关任务版面中的"打开一键点击"按钮，屏幕的上方就会自动出现这个面板，然后自动隐藏在屏幕上方，当用鼠标扫过它时，又会自动显示。从一键单击面板可以直接选择方案开始捕获，如图 7-32 所示。

图 7-31　菜单式输入输出　　　　　　　　　　　图 7-32　一键单击面板

2．捕获窗口

SnagIt 8 有捕获窗口的功能，在 SnagIt 8 的主界面中选择方案中的"窗口"按钮，或在"捕获"菜单的"输入"选项中选择"窗口"选项，然后把要捕获的对象切换到前台，按下 SnagIt 8 主界面右下方的捕获按钮●，或单击捕获热键，默认是"Print Screen"，在要捕获的窗口中可以看到鼠标变成了小手形状，移动鼠标小手到要捕获的窗口上，选中的窗口被红框包围，单击鼠标左键，所选窗口就会被 SnagIt 8 捕获，如图 7-33 所示。如果在捕获的过程中要取消本次捕获，可按〈Esc〉键或鼠标右击。捕获后图像在 SnagIt 8 的捕获预览中进行查看，如图 7-34 所示。

3．捕获菜单

SnagIt 8 还具有捕获菜单功能。执行"捕获→输入"命令，然后在"输入"的子菜单中选择"属性"选项，进入输入属性对话框，如图 7-35 所示。在这里选择"菜单"对话框，进入对菜单捕获选项的设置。

在捕获菜单时，能够设定捕获时间延迟，选择"捕获→计时器设置"，进入计时器设置对话框，在"延时/计划"标签中，勾选"开启延时/计划捕获"选项，进行设置延时捕获和计划捕获，如图 7-36 所示，然后单击"捕获"按钮即可在设定的时间内将菜单捕获。

图 7-33　选择窗口

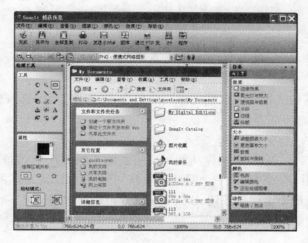

图 7-34　捕获预览窗口

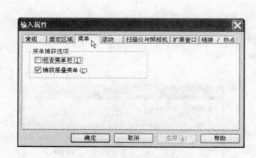

图 7-35　菜单捕获设置

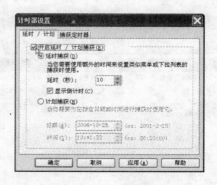

图 7-36　计时设置选项

4．捕获视频

　　SnagIt 8 能够捕获视频。从主界面方案中单击"录制屏幕视频"按钮，按下热键，再用鼠标左键拖拉的方式选择 SnagIt 8 要捕获的视频范围，松开鼠标左键，进入 SnagIt 8 视频捕获对话框,如图 7-37 所示。单击"开始"按钮进入录制阶段,要终止捕获可按下〈Print Screen〉键,这时进入 SnagIt 8 视频捕获对话框,如图 7-38 所示,单击"停止"按钮,SnagIt 8 自动将录制的内容放在预览窗口中,如图 7-39 所示,单击"播放"按钮即可调用系统中所安装的 AVI 播放器进行播放,如果满意就保存为 AVI 文件。

图 7-37　视频捕获　　　　　　　　　　　　　　图 7-38　捕获停止

　　如果同时复选了"输入"下的"包括光标"和"包含音频"命令,那么录制的视频中将会出现光标的变化和从话筒输入的声音。

5. 捕获网页图片

　　利用 SnagIt 8 的捕捉 Web 页图像功能可以将页面上的图片全部捕获。选择 SnagIt 8 上的"来自 Web 页的图像"按钮,弹出一个网址输入框,把要获取图片所在的 Web 页地址输入框内,如图 7-40 所示,然后单击确定按钮,SnagIt 8 就开始从指定网页上下载图片,完成后 SnagIt 8 自动打开预览窗口,如图 7-41 所示。

图 7-39　捕获预览图　　　　　　　　　　　　　图 7-40　捕获网页图像

6. 批量转换图片的格式

　　SnagIt 8 有批量转换图片格式的功能,单击 SnagIt 8 主界面左方相关工具下的"转换图

图 7-41　批量下载网页图片

像"命令,进入选择文件对话框,如图 7-42 所示,单击"添加文件"按钮,添加要转换的文件,单击"下一步"按钮进入转换过滤对话框,在这里可以对要转换的图像进行增强和特殊效果,单击修改右侧的"▼"按钮,出现一个下拉菜单,如图 7-43 所示,在这个菜单中选择相应的命令对图像进行修改,完成后单击"下一步"按钮,进入输出选项对话框,如图 7-44 所示,在这里可以选择图片输出的目录和输出的文件格式信息,在文件格式中,可以看到 SnagIt 8 支持 PDF、IBM、JPEG 等 28 种图片格式。

图 7-42　添加文件　　　　　　　　　　　图 7-43　图像过滤

7．图片以 PDF 格式输出

新版 SnagIt 8 加入了将图片以 PDF 格式输出的功能,能够在 SnagIt 8 的编辑器中用"另存为"将图片存成 PDF 格式,如图 7-45 所示。另外窗口右下角有一个"选项"按钮,单击进入"文件格式选项"对话框,如图 7-46 所示,可以设定 PDF 的标题、作者和关键字。选择"PDF 页面设置"按钮,进入"PDF 页面设置"窗口,能够设置输出的页面大小、高度、宽度和具体的布局,设置完毕后单击"确定"按钮即可。

图 7-44　文件格式转换

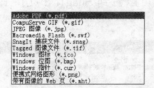

图 7-45　保存 PDF 类型

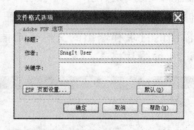

图 7-46　PDF 选项

7.4.3　SnagIt 8 的属性设置与编辑

　　SnagIt 8 能够进行输入、输出、程序参数的设置。执行"捕获→输入→属性"命令，进入"输入属性"对话框，如图 7-47 所示。选择常规面板，在这里可以设置超出捕获范围区域的背景颜色、剪贴板文本的宽度。另外还可以设置固定区域、菜单、滚动等属性，然后单击"确定"按钮即可。在输出属性中，选择图形文件面板，可以进行对文件格式、文件名、文件夹的设置。另外还可以设置打印、发送 E-Mail、图库浏览器等，如图 7-48 所示。

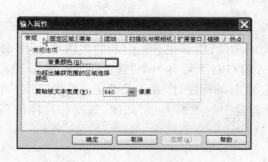

　　　　图 7-47　常规选项设置　　　　　　　　　　　　　　　　图 7-48　图像文件设置

在工具菜单中可以进行程序参数的设置,选择热键面板,进行对捕获热键的设置,SnagIt 8默认的全局捕获热键是"Print Screen",如图 7-49 所示。选择"程序选项"面板,可以设置 SnagIt 8 的一些常规选项,选中的选项前面会打上对勾,如图 7-50 所示。

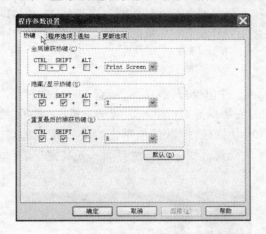
图 7-49 热键设置

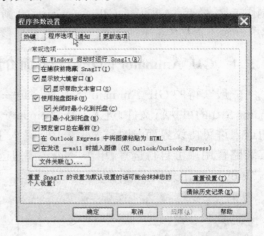
图 7-50 程序选项设置

SnagIt 8 能够对捕捉到的图片进行编辑。打开 SnagIt 8 的工具栏,选择 SnagIt 8 编辑器,即可打开 SnagIt 8 的编辑器,如图 7-51 所示。界面的左侧是绘图工具栏,单击其中的某个工具按钮,然后在中央的画布上拖动即可用鼠标画出直线、曲线、多边形、矩形、圆、框架、加亮块、插入文本等图形,常用于添加注解文字或位图。右侧是任务栏,可以为图像添加水印、设置标题、颜色处理等,用户可根据自己需要进行设置。

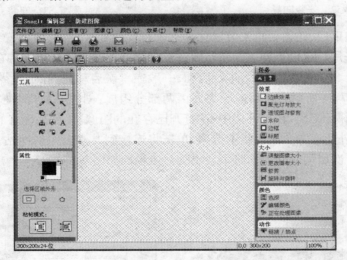
图 7-51 编辑窗口

7.5 GIF 图片生成器——GIF Animator

制作 GIF 图片的工具很多,有 GIF Construction、Microsoft GIF Animator 以及 Micromedia

公司的 Fireworks 等,其中 Ulead Gif Animator 也是一种优秀的 GIF 图片制作工具。

Ulead Gif Animator 是一个简单、快速、灵活的 GIF 动画编辑软件,还是一款不错的网页设计辅助工具,可以作为 Photoshop 的插件使用。Gif Animator 是 Ulead 公司最早在 1992 年发布的动画 GIF 制作工具,最近,又推出了 GIF Animator 5.0 新版本。GIF Animator 5.0 功能上更加强大,做出的 GIF 动画不再是传统上的 256 色,而是能在真彩色环境下制作出五彩缤纷的动画。

7.5.1 GIF Animator 的安装与界面介绍

一般获得的 GIF Animator 5.0 程序是一个压缩文件包,将其解压缩,运行 Ulead GIF Animator 5.0 的可执行文件,进入 GIF Animator 5.0 的安装向导,如图 7-52 所示。单击"Next"按钮进入许可协议界面,选择"Yes"按钮,进入下一步。用户选择默认值单击"Next"按钮即可,安装路径用户可自行选择,单击"Next"按钮选取默认设置直到进入安装界面。安装完毕后,单击"Finish"按钮完成安装,如图 7-53 所示。

图 7-52 安装向导   图 7-53 安装完成

英文版安装结束后,还需要再安装汉化补丁进行汉化处理,汉化版的安装比较简单,只需单击"Next"按钮采用默认设置即可。只是要注意汉化补丁要和英文版安装在同一目录下。

GIF Animator 5.0 安装完毕后,进行启动,一般在首次启动时,除了主界面外还有一个启动向导界面,如图 7-54 所示。启动向导界面由两部分组成:创建栏和打开栏。创建栏里有动画向导和空白动画两部分。在打开栏中有"打开已存在的图像"、"打开现有的视频文件"和"打开样本文件"。另外还有一个联机指南选项,单击将连接到友立公司的网站。选择"以后不再显示该对话框",下次启动时此界面将不会出现。主界面如图 7-55 所示。

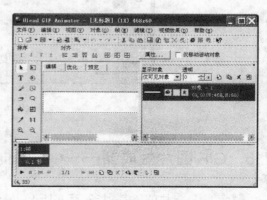

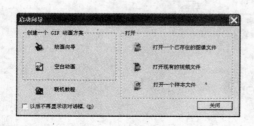

图 7-54 启动向导   图 7-55 主界面

1. 界面介绍

菜单栏：包括文件、编辑、视图、对象、帧、滤镜、视频效果和帮助七个菜单，如图 7-56 所示，具有完成从图像创建导入到图层滤镜和视频特殊效果的功能。

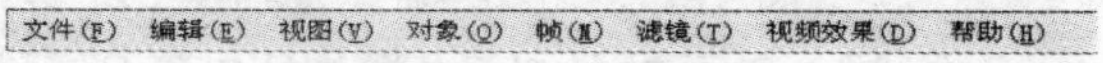

文件(F) 编辑(E) 视图(V) 对象(O) 帧(M) 滤镜(T) 视频效果(D) 帮助(H)

图 7-56　菜单栏

标准工具栏：包含标准的 Windows 应用程序按钮，新建、打开、保存、撤消、重做、剪切、复制、粘贴，还有一些 Ulead GIF Animator 5.0 专用按钮，添加图像、添加视频、首选图像编辑器、画布大小、通用信息、分配到帧、同步对象穿越帧等，如图 7-57 所示。

图 7-57　工具栏

属性工具栏：能够对对象进行排序、对齐方式、属性等设置，如图 7-58 所示。

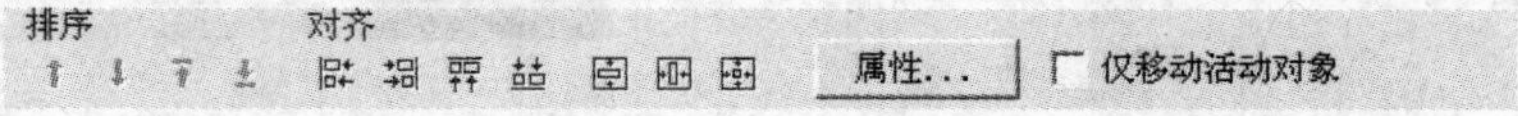

图 7-58　属性工具栏

工具面板：能够对图像进行修改，例如写字、填充、擦除等如图 7-59 所示，使用方法和 Windows 中自带的画图工具一样。

帧面板：可以对动画进行播放、前进、后进、添加帧、删除帧等操作，如图 7-60 所示。

图 7-59　工具栏　　　　　　　　　　图 7-60　帧面板

工作区：查看、编辑 GIF 动画。工作模式有"编辑"、"优化"和"预览"，如图 7-61 所示。其中最强大的是 GIF 的优化功能，可以将图像优化成色彩数不同的 GIF 动画，还可以对优化的各种参数进行设置，在优化后报告优化的结果。

对象管理器面板：能够进行显示对象、透明度设置、插入空白对象、创建选中对象的副本、删除活动对象、对象管理器命令等操作，如图 7-62 所示。

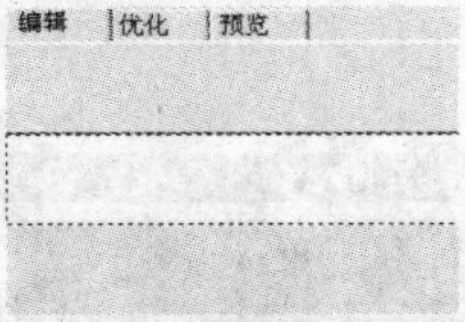

图 7-61　工作区 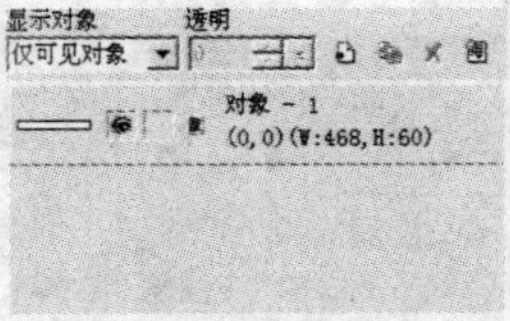　　　　　　　　　　图 7-62　对象管理器

7.5.2　使用 GIF Animator 制作动画

GIF Animator 5.0 提供的动画向导可以方便地完成 GIF 动画制作。

1．启动

选择"文件→动画向导"命令,进入动画向导对话框,如图 7-63 所示。选择新建动画画布的大小,系统提供了一些常用规格,用户也可根据需要自行设置。单击"下一步"按钮,进入"选择文件"对话框,如图 7-64 所示。使用"添加图像"和"添加视频"按钮将文件添加到 GIF 动画中,然后单击"下一步"按钮,进入动画帧设置窗口,设置每帧的延时,如图 7-65 所示。设置完毕后,单击"下一步"按钮,进入动画完成对话框,最后单击"完成"按钮,如图 7-66 所示,一个动画的制作就完成了。

图 7-63　画布尺寸设置

图 7-64　添加文件

图 7-65　动画帧的设置

图 7-66　动画完成

2．优化

GIF 动画制作完毕后,还可以对每幅图片进行优化处理,单击"优化"按钮,进入优化设置,如图 7-67 所示。窗口左侧是原始图像,右侧是优化后的图像。另外在任务栏的右上方有一个颜色调色版窗口,如图 7-68 所示,显示了优化后图像中使用的颜色,可以对每个单元进行锁定、编辑、删除等操作。

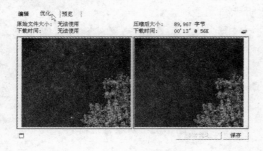

图 7-67　优化前后的对比

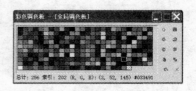

图 7-68　优化后图像使用的颜色

3．预览

GIF 动画优化后，可以先在预览窗口进行查看。单击"预览"按钮，查看动画效果，如图 7-69 所示。

4．保存

GIF Animator 5.0 以 UGA 文件格式保存 GIF 动画信息。执行"文件→保存"命令，进入如图 7-70 所示的对话框，选择要保存的目录。单击"选项"按钮可以设置 UGA 格式的选项。

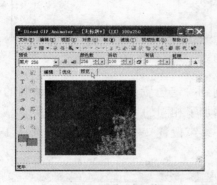

图 7-69　预览 GIF 动画

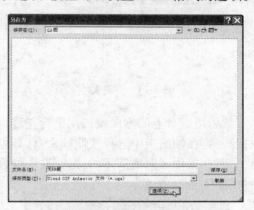

图 7-70　动画保存

7.5.3　制作动画文字

GIF Animator 5.0 有制作动画文字的功能。选择标准工具栏里"新建"命令，进入新建对话框，如图 7-71 所示。其中画布尺寸的大小可以采用系统默认，也可以自行设置，单击"确定"按钮设置完成。然后在工具面板中选择"文本工具"按钮，在工作区内用鼠标左键单击空白处的任意地方，进入文本条目框窗口，如图 7-72 所示，在这里可以进行字体的类型、大小、颜色等的设置，然后在下面窗口中输入字体，单击"预览"按钮，可在主界面中查看效果，最后单击"确定"按钮进入 GIF Animator 5.0 的主界面。

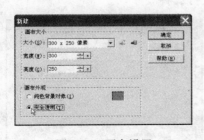

图 7-71　画布设置

图 7-72　输入文本

在 GIF Animator 5.0 的工具面板里选择拾取工具，然后在工作区选中字体，单击鼠标右键，在下拉菜单中选择"文字→分割文字"选项，如图 7-73 所示，就可以把文本拆分成一个个独立的字体,这时在对象管理器面板即可看到两个对象的显示,如图 7-74 所示。

图 7-73　分割文字

图 7-74　显示对象

　　然后用键盘上的方向键或用鼠标左键将文字排列到一定位置(这个位置将是动画的起始位置)。再在帧面板中选择复制帧命令,即可看到又增加了相同的一帧,如图 7-75 所示。选中第二帧,在工作区调整字体的位置(这个位置是动画的结束位置),然后在帧面板中选择 Tween命令,如图 7-76 所示,

图 7-75　调整位置

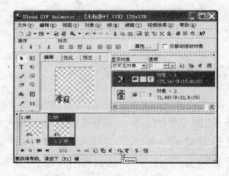

图 7-76　选择 Tween 命令

　　这时弹出"Tween"对话框,在这里可以设置起始帧、结束帧、和插入帧等属性,如图 7-77所示,然后单击预览,即可在主界面中看到运动的字体,如果满意,单击"确定"按钮即可完成动画字体的制作,如图 7-78 所示,单击"播放"按钮即可进行观看。

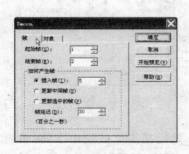

图 7-77　Tween 对话框

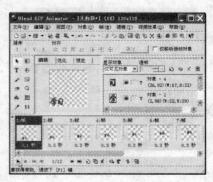

图 7-78　动画文字

7.6 其他相关工具软件介绍

随着计算机技术的发展,各种图文处理软件层出不穷,除了本章介绍的之外,还有很多其他相关软件。

1. iSee

iSee是一款功能全面的图像浏览工具,具有消除红眼、模糊、增加暗色调特效等图像编辑功能,另外增加了"上传相片"工具条按钮,可以方便地把照片上传到网上相册。它还改进了外部打开图片的模式,提高了打开速度、解决了在Outlook中打开图片出错的问题。功能可以和ACD See相匹敌,操作也比较简单。

2. Foxit Reader

Foxit Reader是一款阅读PDF文档的软件,有了它就不需要下载和安装体积较大的Adobe Reader,Foxit Reader体积小而且启动速度快,不需要安装,能够保存注释,还可以管理PDF文档,使用起来比较方便。

3. 红蜻蜓抓图精灵(RdfSnap)2005

红蜻蜓抓图精灵(RdfSnap)2005是一款屏幕捕捉软件,主要用于捕捉整个屏幕、活动窗口、选定区域、固定区域、选定控件、选定菜单等,图像输出方式有:文件、剪贴板、画图和打印机。另外还具有捕捉光标、设置捕捉前延时、显示屏幕放大镜、设置捕捉热键、图像打印、图像裁切等功能,也是一款不错的抓图软件。

4. GIF Movie Gear

GIF Movie Gear是一款GIF动画制作软件,它能够剪切、缩放、旋转导入的图像文件,调整帧的次序和延迟时间,还可以更改循环次数,能用多种方法进行优化。另外,GIF Movie Gear可以调用任意应用程序对帧进行即时编辑,能为GIF文件添加注释,还能输出HTML代码。保存格式除了GIF的动画图外,还能以PSD、JPEG、AVI、BMP、AVI等格式输出。

另外的一些图文处理软件由于篇幅关系,就不一一介绍了。

7.7 习题

1. 使用ACD See 8.0捕捉一个窗口文本,输出到文件中。
2. 使用ACD See 8.0制作一个SendPix相册,发送给你的朋友。
3. 使用Adobe Reader 7.0复制一个PDF文档,然后粘贴在一个Word文档中。
4. 使用Adobe Reader 7.0的文档管理器将机器中的PDF文档进行分类,然后在文档管理器中打开特定类型的文档。
5. 使用SnagIt 8捕获一个窗口,再捕获显示这个窗口的预览窗口,然后输出到Word中。
6. 使用SnagIt 8捕获一个Web页上的图片。
7. 使用GIF Animator 5.0的动画向导编辑一个动画。
8. 使用GIF Animator 5.0编辑一个动画文字。

第8章 网络工具软件

网络发展的速度是前所未有的,随之孕育而生的网络工具也林林总总。本章针对网络流行的下载方式、邮件管理、网络传输和控制方面,介绍几款常用的工具软件。

8.1 网络工具软件的介绍

随着网络的日渐普及,网络上形形色色的资源也非常丰富,那么从网络上下载、通信、传输交流就成为常用的手段。通常 Windows 内置的 IE 浏览器可以实现下载功能,但 IE 浏览器只支持单线程下载并不支持断点续传的功能,给下载带来了不便。为了解决下载功能上的不足,先后出现了很多优秀软件。这一章分别从下载方式、数据传输、远程控制这几个方面给大家介绍几款常用的软件。例如支持 BT 方式下载的比特精灵;下载速度很快并支持断点续传的迅雷;FTP 上传下载工具 FlashFXP;流行的邮件管理软件 Foxmail;局域网或广域网内数据传输的快手 IP Messenger;以及具有远程传输和控制功能的国产远程控制软件流萤。

8.2 BT 下载工具——比特精灵

BT 下载是目前最热门的下载方式之一。比特精灵就是一个多点下载的源码公开的 P2P 软件。它与 FTP 传输模式不同,BT 下载有多个发送点,采用了多点对多点的传输原理,当用户在下载文件时,同时又将已经下载完成的文件通过网络提供给其他连接用户,即实现了边下载边上传的功能,这样使所有连接用户都处在同步传送的状态,文件下载速度当然也就越来越快。

8.2.1 BT 相关知识

1. 工作原理

就 HTTP、FTP、PUB 等下载方式而言,一般都是首先将文件放到服务器上,然后再由服务器传送到每位用户的机器上,如果连接下载的人太多,服务器的带宽很容易不堪重负,变得很慢,服务质量也随之下降。

而 BT 服务器是通过一种"传销"的方式来实现文件共享的,BT 服务器首先在上传者端把一个文件分成了多个小块,每块通常是 0.25MB,随着不同客户端在服务器上随机下载文件的某一部分,同时该客户端也会将已下载部分上传给其他客户端。因此大大减轻了 BT 服务器的负荷,下载的人越多,提供的带宽也越多,种子也会越来越多,下载速度就越快。

2. 种子文件

种子文件并不是要下载的文件,但是要用 BT 软件下载则必须先下载种子文件。其实种子文件就是记载下载文件的存放位置、大小、下载服务器的地址、发布者的地址等数据的一个索引文件。种子文件的扩展名是 .torrent。

8.2.2　比特精灵的安装与界面介绍

从各大软件网站下载比特精灵的安装程序,双击安装程序图标,弹出"安装向导"对话框,如图8-1所示。根据对话框的提示单击"下一步"按钮,将依次进入"选择安装路径"、"选择安装软件组件"、"选择额外任务"、"准备安装"、"安装完成"对话框,在安装过程中根据不同用户的需要,选择相应的设置选项即可。待正常安装结束后,在桌面上双击""图标,启动比特精灵,图8-2所示为比特精灵的主界面。

图8-1　比特精灵安装向导

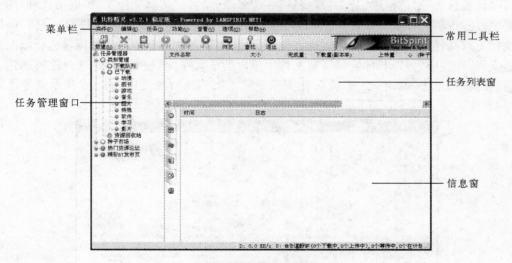

图8-2　比特精灵主界面

在图8-2中,软件的用户界面包含菜单栏、常用工具栏、任务列表窗、任务管理窗、信息窗五部分。在任务管理窗中,可以对已经下载的和将要下载的文件进行分类管理,而且在"种子市场"中还可以和别人共同分享资源。

8.2.3　比特精灵的使用方法

1. 添加下载任务

使用BT类软件下载文件时,必须首先下载一个后缀名为 .torrent 的文件。提供这些种子的网站也很多,如提供电影、音乐、学习资料的 btchina 网(http://www.btchina.com)。进入网站后在众多种子列表中单击想要的文件,这时会弹出下载种子文件的进度条,如图 8-3 所示,待下载完毕后单击"打开"按钮。这时比特精灵会自动启动并打开刚才下载的种子文件,与此同时弹出如图 8-4 所示的"添加任务"对话框。

图 8-3　下载种子

图 8-4　添加任务窗口

在"添加任务"对话框中,分为"常规选项"、"多服务器"、"选择文件"、"扩展与代理"四个标签,每个标签中都有详细的设置。在"常规选项"标签中用户可以对下载文件存放路径进行修改,选择下载文件的类别以便日后管理方便,另外还可以对文件上传下载的流量进行限制。在"选择文件"标签中,可以具体选择下载文件中包含的子文件,即对所下载的文件进行筛选。确认设置无误后,单击"确定"按钮,此时此项任务就添加到比特精灵中,图 8-5 所示就是添加任务后的界面。

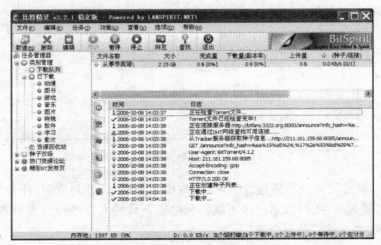

图 8-5　添加任务后的主界面

任务添加后,在比特精灵的任务列表窗口中可以看到正在下载文件的文件名、大小、上传速度、下载速度、剩余时间等信息,以及种子连接的详细信息。而在信息窗口中从上到下共有 6 个标签,它们的含义是:

⊙任务信息：具体显示下载文件的基本信息。完成量、缓存区块数等信息。

❖区块状态：表示文件下载的进度，蓝色表示已下载，绿色表示正在下载，灰色表示未下载。

➡所有可用连接：显示当前所有连接成功用户的 ID 和 IP 地址。

❑连接信息：具体显示连接成功的用户的信息。完成量、IP 地址、上传/下载量等。

▣文件选项：显示下载文件中包含的子文件信息。

◎网络状态日志：记录连接服务器时发生的事件。

2．制作与发布种子

使用比特精灵在网络上下载资料十分方便快捷，同样用户还可以把自己的资源在互联网上和其他用户共同分享。那么在分享资源之前需要准备好共享资料，并且制作种子文件，最后将种子发布到互联网上，让其他用户通过种子来下载自己的资源。

（1）制作种子

在 BT 软件主界面中执行"功能→制作种子文件"命令，打开如图 8-6 所示的界面。在此界面中再执行"文件→添加文件"命令，选中已经准备好的共享文件，然后在"种子服务器列表"中填写所知道的 tracker 地址或 udp 地址，当然也可以不填，等种子制作完成后再把种子上传到种子服务器网站上也行。这里在"种子服务器列表"中填写"http：//tracker.icefish.org：8000/announce"，在确认其他填写都无误后单击"制作"按钮，将制作的种子文件保存到本地磁盘。图 8-7 所示为已经制作完成后的界面，此时"发布"按钮也处于有效状态。

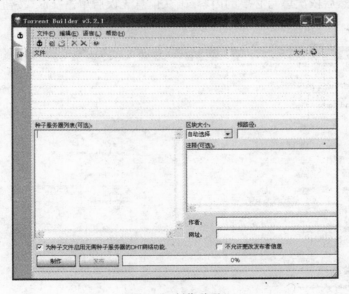

图 8-6　制作种子

（2）发布种子

单击图 8-7 中的"发布"按钮，弹出如图 8-4 所示的添加任务窗口，只要在"请在下面选择该文件的类型"选项中选择"做种（快速检测文件）"选项，直接单击窗口中的"确定"按钮，之后就可以在任务列表窗口中看到用户共享文件名称前面有个" "◎图标，表示文件正在处于上传状态。

137

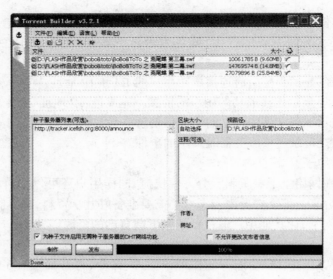

图 8-7　制作完成后的界面

　　要想和更多的人分享自己的资源,就要通过网络把种子上传到服务器。这里就以把种子文件上传到上海宽带联盟网站中为例,给大家介绍种子的上传。首先打开上海宽带联盟网站(http://bt1.btchina.net/shftp/shftp_upload.html),单击页面中的"浏览"按钮,选择制作好的种子文件的位置,然后依次填写必要的内容,确认信息无误后单击"OK"按钮,完成对种子的发布,如图 8-8 所示。

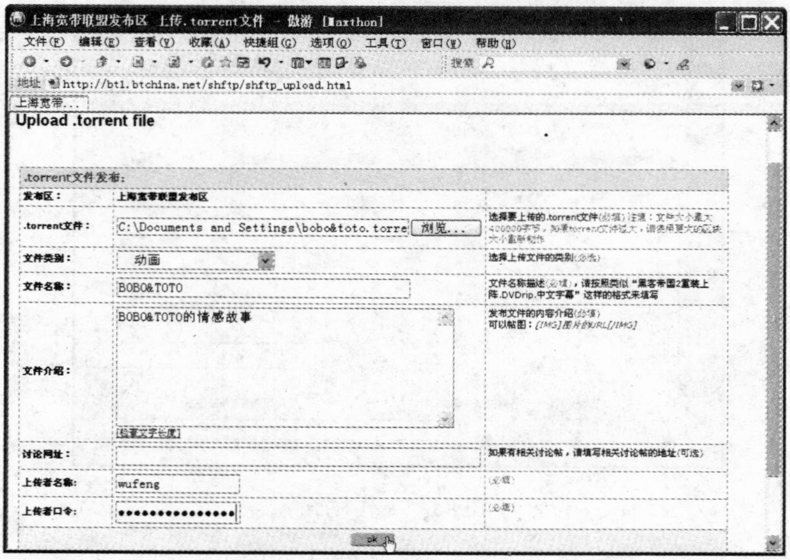

图 8-8　填写发布种子的必要信息

8.2.4　比特精灵的简单设置

　　比特精灵为用户提供了两种设置—种是手动设置,一种是向导式设置。执行菜单中的"选项→个人设置"命令,弹出"选项"对话框,如图 8-9 所示。在"选项"对话框中有十个文本标签,从十个方面对软件进行详细设置。值得说明的是,在"网络设置"文本标签中,"最大同时请求连接数"选项默认值为 72,这里建议将其改成 144 或更大,因为此数值的大小代表寻找种子的能力,值越大连接的越多。

假如感觉手动设置参数比较麻烦,还可以利用"设置向导"来进行智能设置,单击菜单中的"选项→设置向导",弹出如图 8-10 所示的对话框,单击"下一步"按钮,跟随着"设置向导"分别从"网络设置"、"性能设置"、"UPnP 支持"、"存放目录"、"比特的扩展"、"昵称"六个方面进行设置,最后单击"完成向导"按钮,保存设置回到软件主界面。

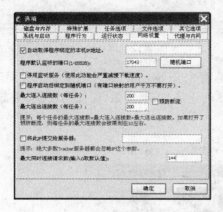

图 8-9　选项设置

图 8-10　设置向导

8.3　网络下载工具——迅雷

迅雷现在很流行,影响早已超过了 FlashGet 和 Netants 等多线程下载工具。大多数情况下,它的下载速度确实比较快,那么为什么会有比较快的下载速度呢? 下面将做一些探讨并介绍一下它的使用方法。

8.3.1　迅雷的工作原理

迅雷下载速度快是因为使用了多资源超线程技术。这种技术能将存在于服务器和用户计算机中的资源有效组合,组建成特有的迅雷网络,用户通过此种构架的网络能以最快速度进行传输。

这种多资源超线程技术地使用还具有均衡网络下载负荷的功能,在保证用户下载速度的前提下,迅雷利用其特有的网络构架,有机的对服务器资源进行均衡,减轻服务器的负载。

8.3.2　迅雷的安装与界面介绍

首先从 Internet 中下载迅雷的安装文件,本书中的版本是 Thunder5.4.1.230。双击安装程序,弹出如图 8-11 所示的"安装向导"对话框,单击"下一步"按钮,进入"许可证协议"对话框,如图 8-12 所示,选择"我同意此项协议"选项,单击"下一步"按钮,依次弹出"选择目标位置"、"选择添加任务"、"安装 Google 工具条"、"准备安装"、"安装完成"对话框,根据向导的提示结合自己的情况做出相应的选择,最后单击"完成"按钮,结束迅雷 5 的安装。

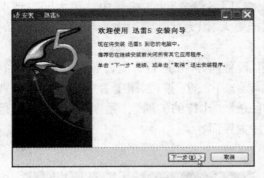
图 8-11　迅雷 5 的安装向导

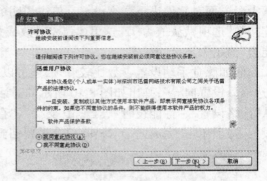
图 8-12　许可证协议

　　正常安装结束后,在桌面上双击迅雷图标,启动迅雷 5,图 8-13 所示为迅雷的主界面。可以看到,程序主界面由菜单栏、工具条、任务列表框、热门连接、扩展按钮、连接信息栏、状态栏、即时速度显示区组成。

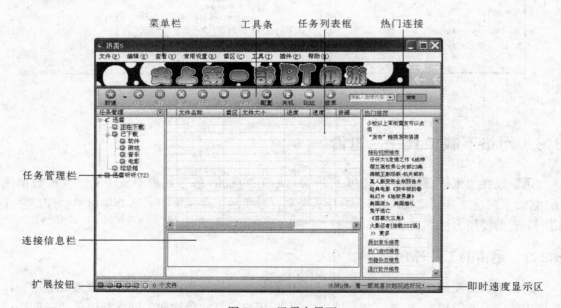
图 8-13　迅雷主界面

8.3.3　迅雷的常用方法

1.使用快捷菜单下载

　　在安装完迅雷后,程序会将快捷方式自动添加到右键菜单中,在带有下载连接的网页中,右键单击连接文字,弹出如图 8-14 所示的菜单,选择"使用迅雷下载"选项,这时迅雷启动并弹出如图 8-15 所示的对话框。单击"浏览"按钮可以更改文件的存放目录(默认存放目录为 C:\TDdownload\),另外还可以在"另存名称"中修改下载文件的名字,便于记忆管理,所有设置完成后单击"确定"按钮,任务添加完成并开始下载文件,如图 8-16 所示。

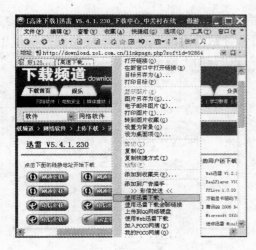

图 8-14　右键菜单下载　　　　　　　　　　图 8-15　添加下载任务

根据图 8-16 可以看出,在连接信息栏中"任务信息"标签记录了连接服务器的日志,另外当前总共有 4 个线程在同时从服务器上下载文件,并且每个"线程"标签都连接日志。下载完成后,迅雷会自动把下载的文件分类存放。

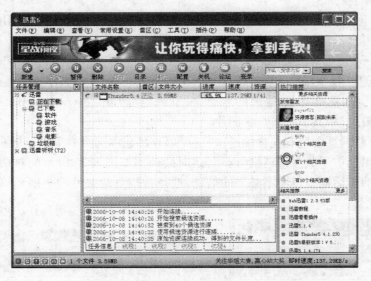

图 8-16　下载过程

2.使用悬浮窗下载

在迅雷默认安装的情况下,设置中的"悬浮窗"、"监视剪贴板"、"监视浏览器点击"三个选项是被开启的,也就是说迅雷后台运行时,在桌面上仅有一个"⚡"图标悬浮于桌面上。

当浏览网页时,迅雷会监视浏览器,假如有需要下载的链接,只需要点击链接文字并拖动到浮动窗口中就行,如图 8-17 所示。如果不希望浮动窗口悬浮于桌面,右键单击浮动窗口图标,弹出如图 8-18 所示的菜单,取消"悬浮窗"选项前的"√"符号即可。

3.使用剪贴板

在图 8-18 中还有一个"监视剪贴板"选项,开启此选项迅雷会自动监视剪贴板的内容,当用户把下载文件 URL 地址信息复制到剪贴板中,并在迅雷主界面上执行"文件→新建"命令,这时弹出"建立新的下载任务"对话框,迅雷会自动将剪贴板中的 URL 地址复制到对话框中的"网址"一栏中,在设置了其他选项后,单击"确定"按钮开始下载文件。

图 8-17 使用悬浮窗下载

图 8-18 浮动窗口的右键菜单

4. 批量任务下载

现在每一个网页上都包含很多链接,要想把这些链接文件都下载下来,用前面所讲的方法效率显示太低,可是迅雷正好提供了批量下载的功能,为用户解决了问题。

执行"文件→新建批量任务"命令,打开如图 8-19 所示的对话框,在"URL"选项中输入带有通配符的地址信息。其中用(*)表示地址不同的部分,另外通配符长度指的是这些地址不同部分数字的长度。例如图 8-19 中地址的意思是:下载地址 http://www.pconline.com.cn/images/top01_000.gif100.gif 中共 101 张 GIF 图片。

假如需要下载网页中所有包含的链接,还可以直接在本网页内单击鼠标右键,在弹出来的菜单中选择"使用迅雷下载全部链接"选项,这时会弹出如图 8-20 所示的对话框,单击"筛选"按钮,在弹出来的对话框中过滤不必要的信息,选择希望下载文件的扩展名,单击"确定"按钮开始批量下载。

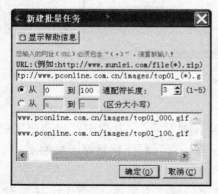

图 8-19 添加批量任务

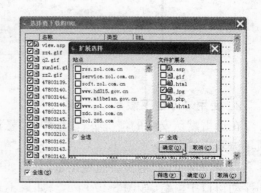

图 8-20 使用迅雷下载全部链接

5. FTP 站点资源探测器

执行"工具→资源探测器"命令,打开"FTP 站点资源探测器"窗口。这里就拿成都理工大学的 FTP 服务器做例子,给大家讲解站点探测器的用法。在地址栏中输入 FTP 地址,用户名和密码都为空,如图 8-21 所示,单击＜Enter＞键进行连接,连接成功后在左栏中显示其站点的树型目录,单击某文件夹后,其内容显示在右边的窗口中。找到需要下载的文件,单击鼠标右键,在弹出的快捷菜单中选择"下载"选项,即可完成下载任务,在整个界面的下部窗口中显示连接的一些日志内容。

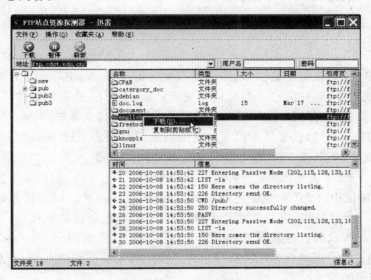

图 8-21 FTP 站点资源探测器

8.3.4 迅雷的简单设置

在主界面上单击工具条中的"配置"按钮,弹出如图 8-22 所示的"配置"对话框。从图中可以看出迅雷为用户提供了从常规、连接、病毒保护等八个方面的详细设置。单击左栏的任意图标,在右窗口中即会显示相应的设置信息。

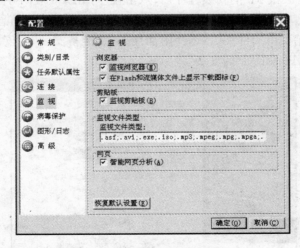

图 8-22 "配置"对话框

值得说明的是,在图 8-22 中选择"监视"页式标签,在右边的窗口中如果勾选"在 Flash 和流媒体文件上显示下载图标"选项,那么可以在浏览网页时直接下载网页内的 Flash。另外,在"连接"页式标签中还可以限制下载速度和修改连接数。用户可根据自己的需要在其他选项中个性化迅雷的设置,这里就不再赘述了。

8.4 FTP 下载工具——FlashFXP

8.4.1 相关知识

FTP 是 TCP/IP 协议组中的协议之一,是英文 File Transfer Protocol 的缩写。该协议是 Internet 文件传送的基础,它由一系列规格说明文档组成,目的是提高文件的共享性,提供非直接使用远程计算机,使存储介质对用户透明和可靠高效地传送数据。

相对于 HTTP,FTP 协议要复杂得多。复杂的原因是因为 FTP 协议要用到两个 TCP 连接,一个是命令链路,用来在 FTP 客户端与服务器之间传递命令;另一个是数据链路,用来上传或下载数据。

在 TCP/IP 协议中,FTP 标准命令 TCP 端口号为 21。FTP 协议的任务是从一台计算机将文件传送到另一台计算机,它与这两台计算机所处的位置、联接的方式、甚至是否使用相同的操作系统无关。假设两台计算机通过 FTP 协议对话,并且能访问 Internet,那么就可以用 FTP 命令来传输文件。虽然在不同的操作系统上使用有某一些细微差别,但是每种协议基本的命令结构是相同的。

另外,IE 浏览器也是可以直接访问 FTP 服务器的,但是 IE 只是个很粗糙的 FTP 客户端工具,IE 在登录 FTP 的时候,看不到登录信息;在登录出错的时候,无法找到错误的原因,所以在此建议尽量用专业 FTP 工具访问和下载服务器上面的文件。

8.4.2 FlashFXP 的安装与界面介绍

从互联网上下载 FlashFXP 的安装程序后,双击程序弹出"安装向导"对话框,如图 8-23 所示,单击"下一步"按钮,在安装向导的引导下依次进入"许可协议"、"信息"、"选择目标位置"、"选择组件"、"选择开始菜单文件夹"、"选择附加任务"、"准备安装"、"安装完成"对话框,最后单击"完成"按钮,结束 FlashFXP 的安装。

图 8-23 安装向导

安装结束后,双击桌面上的 FlashFXP 图标,启动 FlashFXP,其主界面如图 8-24 所示。在 FlashFXP 的用户界面中包含菜单栏、工具栏以及四个显示窗口。其中左上角是本地浏览器窗口,左下角是任务列表窗口,右上角是 FTP 服务器浏览器窗口,右下角是连接状态列表窗口。

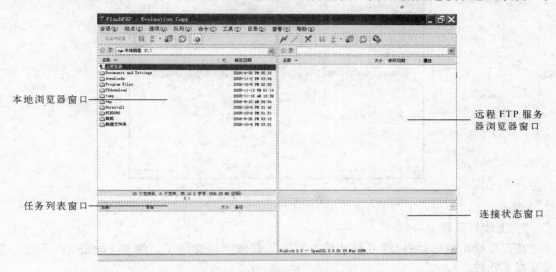

图 8-24　FlashFXP 的主界面

在其主界面的工具栏中有八个常用命令工具按钮,它们的意思分别为:连接 、断开连接 、中止 、当前传送结束后停止队列 、传送队列 、传送所选 、刷新 、切换到本地浏览 。

8.4.3　FlashFXP 的常用方法

1. 连接 FTP 站点

要想从 FTP 服务器上下载文件,首先要与服务器建立连接。在网络上有很多 FTP 服务器,有些是免费的有些是付费的。在此就以连接北京邮电大学的 FTP 服务器(ftp.bupt.edu.cn)为例给大家介绍其操作方法。

启动 FlashFXP,执行"会话→快速连接"命令或者按<F8>键,这时弹出如图 8-25 所示的"快速连接"对话框,并在其常规选项卡的服务器地址栏中输入北京邮电大学的 FTP 地址,由于此例中 FTP 服务器是公开免费的,所以用户名和密码都为空,端口号默认为 21。假如有些 FTP 服务器不允许匿名登陆,则还需要输入用户名和密码。当确定输入无误后,单击"连接"按钮,开始连接 FTP 服务器。

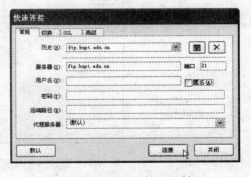

图 8-25　"快速连接"对话框

连接成功后界面如图 8-26 所示,远程 FTP 浏览器窗口中显示的是服务器上的文件目录,本地浏览器窗口显示的是默认的本地文件目录,而连接状态窗口中记录了连接服务器的命令行和连接结果。

图 8-26 连接成功的主界面

2．上传与下载

在连接成功以后，用户就可以从服务器中下载或上传文件了。使用 FlashFXP 下载的方法有以下几种：

1）鼠标单击 FTP 服务器中想要下载的文件，拖入到本地浏览器窗口中，FlashFXP 会自动下载该文件。

2）在 FTP 服务器浏览器窗口中，右键选中需要的文件或文件夹，在右键菜单中选择"传送"选项后，即可完成下载，下载的文件保存在本地浏览器目录下，如图 8-27 所示。

图 8-27 远程浏览器窗口的右键菜单

3）要想选择多个不同位置的文件，可以把它们先加入传送队列中，以便进一步比较是否下载。具体操作为，选择多个文件或文件夹，单击右键，弹出如图 8-28 所示的右键菜单，选择"队列"选项，这时在左下方任务列表窗中就显示已经选中文件的队列列表，在队列列表中右键选中文件，选择"传送"选项即可下载此文件，选择"删除"选项可删除此队列任务。

图 8-28　加入文件队列

同样,文件的上传就是下载的反操作。把本地浏览器的文件拖入到 FTP 服务器浏览器窗口中即可完成上传操作。

值得说明的是,添加到传送列表这种下载方法可以随时加入或删除想要传送的文件,对于那些经常要更新的文件来说比较方便快捷。另外,还可以把经常替换的文件放到传送队列中保存起来,只要在下一次需要时执行"队列→载入队列"命令即可完成。

3．站点管理器

站点管理器是用来方便管理已经登陆过的 FTP 站点信息的工具,可以通过它对原来登陆过的站点地址、用户名、密码进行修改设置等操作。

执行"站点→站点管理器"命令,弹出如图 8-29 所示的对话框。单击左下角的"新建站点"按钮,弹出"新建站点"对话框,在其中填入站点的名称后,单击"确定"按钮即可。本例为站点起的名字为"北京邮电大学",在右边的窗口中输入相应的 IP 地址、端口号、用户名、密码等信息,最后单击"应用"按钮保存设置,单击"连接"按钮进行连接。

另外,在站点管理器中还包含其他文本标签,如图 8-30 所示的"选项"标签。在此标签中可以勾选"防止被踢,保持连接活动"选项以防频繁掉线;在"传送"标签中还有文件名大小写转换的设置,这对于更新网页十分有用。

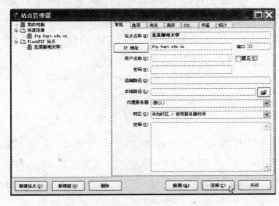

图 8-29　站点管理器

图 8-30　站点管理器其他设置

147

此外还有很多设置,在这里就不在赘述,请同学们自己实践练习。

8.4.4 FlashFXP 的基本设置

执行"选项→参数设置"命令,弹出如图 8-31 所示的"配置 FlashFXP"对话框。在此对话框中,用户可以从常规、连接、传送、显示四个大方面对 FlashFXP 进行详细的设置。

例如,可以在"常规→操作"中规定鼠标拖放操作执行什么动作,在服务器端双击所选文件执行什么动作等等。

值得说明的是,在上传更新或下载更新大文件夹时,由于里面已经存在文件,所以要对文件是否覆盖进行设置,执行"选项→文件存在规则"命令,在"下载"那一列,"较小"改成"自动续传","相同"改成"自动跳过","较大"的改成"自动覆盖",然后把询问前的钩去掉,单击"确定"按钮保存设置,如图 8-32 所示。

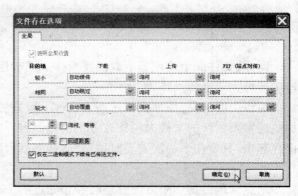

图 8-31　配置 FlashFXP　　　　　　　图 8-32　文件存在规则

8.5　电子邮件客户端程序——Foxmail

随着网络的发展,电子邮件的发展也越来越快。通过网络电子邮件系统,以非常快速的方式与世界上任何一个角落的网络用户联系。电子邮件的形式可以是文字、图像、声音等,这是对传统邮件方式的巨大冲击,它使人们的交流方式得到了极大的改变。通常在登陆邮箱的时候首先登陆邮件服务商的网站,输入用户名和密码后才能进入,假如我们拥有多个不同服务商的邮箱账号,而又想统一管理,统一收发邮件又该怎么处理呢?

Foxmail 是一个中文版电子邮件客户端软件,是近几年来最著名、最成功的国产软件之一,操作和设置也非常方便,本节就针对 Foxmail 这款软件,介绍如何安装与使用。

8.5.1　Foxmail 的安装与初始化设置

1. 安装 Foxmail

从互联网上下载 Foxmail 的安装程序,本书中的版本是 Foxmail 6.0。双击安装文件,在弹出如图 8-33 所示的"安装向导"对话框中单击"下一步"按钮。这时弹出"许可协议"对话框,选择"我接收此协议"选项后,单击"下一步"按钮,在接下来的"选择安装目录"对话框中为 Foxmail 选择安装路径,单击"下一步"按钮后依次进入"选择开始菜单文件夹"、"选择额外任务"、"准备安装"对话框,根据自己的需要选择相应的设置,在"准备安装"对话框中单击"安装"按钮,经过一段时间的文件复制,弹出如图 8-34 所示的"安装完成"对话框,单击"完成"按钮,结束 Foxmail 的安装。

图 8-33　安装向导　　　　　　　　　　　　图 8-34　安装完成

2．初始化 Foxmail

在 Foxmail 安装完毕后,第一次运行时系统会自动启动向导程序,引导用户添加第一个邮件账户,如图 8-35 所示。

在必填内容"电子邮件地址"中输入完整的电子邮件地址,在"账户名称"中输入该账户在 Foxmail 中显示的名称,在"邮箱路径"中,用户可以更改账户邮件存放的路径,不过一般保持默认值,当收取邮件的时候,会把邮件存放在 Foxmail 所在目录的 mail 文件夹下的以用户名命名的文件夹中。另外,"密码"输入栏可以不填,但是在接收邮件的时候会提示输入密码。确认所有填写都无误后,单击"下一步"按钮,进入如图 8-36 所示的"账户建立完成"对话框。

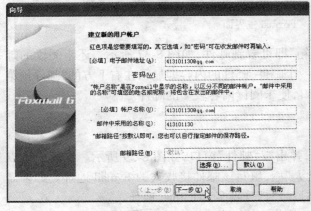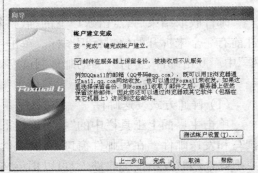

图 8-35　建立新的用户账户　　　　　　　　图 8-36　账户建立完成

在图 8-36 中,假如勾选"邮件在服务器上保留备份,被接收后不从服务器删除"选项,则 Foxmail 在收取邮件后原邮件依然存放在邮箱中,即还可以通过 IE 浏览器方式访问邮箱中的邮件。之后单击"测试账户设置"按钮,检查邮箱账户的正确性,如果测试成功则可以使用这个邮箱,如果测试不成功还要返回重新填写邮箱账户信息。

8.5.2 使用 Foxmail

1. 收取与阅读邮件

当 Foxmail 启动并初始化设置完毕后,程序的主界面如图 8-37 所示。在 Foxmail 中收取邮件非常方便。在图 8-37 中,已经有两个邮件账户了,首先选中想要收取邮件的邮件账户,然后单击工具栏中的"收取"按钮即可收取邮件,如果按<F2>键或者执行"文件→收取当前邮箱的邮件"命令同样也可以收取已选中邮件账户中的所有邮件。假如在 Foxmail 中管理了多个邮件账户,只需按<F4>键或者执行"文件→收取所有邮箱的邮件"命令,就可以收取所有邮箱账户中的邮件。

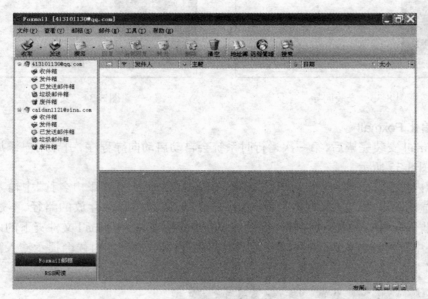

图 8-37　Foxmai 主界面

邮件收取结束后,点击账户下的"收件箱"即可看到邮件,如图 8-37 所示。还未阅读的邮件前有一个未拆开的信封标识图标。单击一个邮件,邮件的内容即显示在右下方的"邮件预览框"中。双击邮件,将打开新的邮件阅读窗口,便于阅读内容较多的邮件。

2. 撰写与发送邮件

（1）普通方式发送邮件

单击主界面上工具栏中的"撰写"按钮,弹出"写邮件"窗口,如图 8-39 所示。在其中可以撰写和发送邮件。在写邮件窗口中的"收件人"栏,填写该邮件接收人的 E-mail 地址。如果需要把邮件同时发给多个收件人,可以用英文逗号","分隔多个 E-mail 地址。

在"主题"栏中,填写邮件的主题,可以让收信人大致了解邮件的可能内容,也可以方便收信人管理邮件。如果想要将邮件抄送给这些联系人,只要在"抄送"栏中填写其他人的 E-mail 地址即可。当所有信息都填写完成后,单击工具栏的"发送"按钮,即可发送邮件。

假如在写邮件的时候,还想随邮件一同寄出一些文件,就可以使用添加附件功能。附件不仅可以是纯文本文件,还可以是图像、声音以及可执行程序等各种文件。首先单击"附件"按钮,弹出"选择文件"对话框,选择完毕以后,再单击"打开"按钮就完成了添加附件的操作。

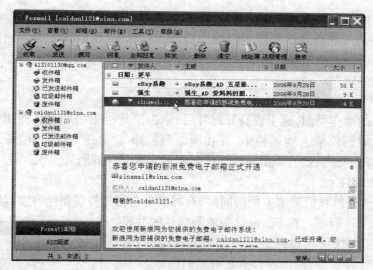

图 8-38　收取邮件

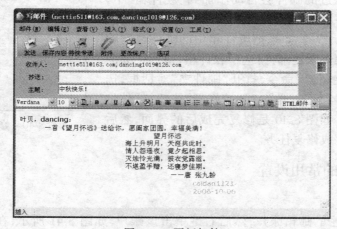

图 8-39　写新邮件

（2）特快专递

使用普通的电子邮件发送方式，不能保证邮件被立刻送到对方邮箱中。这时就可以利用特快专递来发送邮件，它的特点就是能够找到收件人邮箱所在的服务器，直接把邮件送到对方的邮件服务器中。这样，在写完邮件后单击工具栏中的"特快专递"按钮，当发送完毕后，对方就可以立刻收到邮件了。

值得说明的是，特快专递只能发给一个收件人，即在收信人处只能填写一个邮件地址。并且特快专递功能需要调用域名服务器(DNS)查询收件人邮箱对应的 IP 地址，所以必须设置域名服务器地址，方法是在 Foxmail 主界面中执行"工具→系统设置"，在弹出来的对话框中选择"邮件特快专递"文本标签，填写其中的域名服务器 IP 地址。

本地域名服务器地址可以通过在命令提示符环境下，输入 ipconfig /all 命令获得。

3. 转发与回复邮件

（1）转发邮件

当接收到邮件以后，如果希望将此邮件内容让第三方观看，就可以使用转发功能。选中或打开要转发的邮件,单击工具栏中的"转发"按钮,这时弹出如图 8-39 所示的写邮件窗口,只不过在主题栏中,Foxmail 将自动在原主题前添加"FW:"标记,作为转发邮件的新主题,原邮件的内容也将自动添加到撰写邮件的窗口下方,用户只需要填写收件人邮件地址后,单击"发送"按钮即可实现邮件转发。

（2）回复邮件

同转发邮件的操作类似,选中或打开邮件后,单击工具栏中的"回复"按钮,软件将自动把原发信人地址添加到收信人地址栏中,并在原主题前添加"Re:"标记,作为回复邮件的新主题,在用户撰写好回复内容后,单击"发送"按钮即可实现邮件的回复。

4．恢复误删邮件

在感受 Foxmail 给我们带来方便的同时,有时候也会将邮件误删除,这时就可以利用恢复误删邮件功能来解决问题。在 Foxmail 中清除邮件时并没有真正将其清除,而仅仅只是打上了一个删除标记,只有在执行了"压缩"操作之后,系统才会真正将它们删除。

一般来讲,删除过的邮件会自动添加到"废件箱"中,在"废件箱"右键选中已删邮件,选择"转移"选项,即可把邮件转移到原来的地方。如果把废件箱中的邮件也删除了,可以通过以下操作恢复邮件:选中收件箱,执行主界面中的"邮箱→邮件夹属性"命令,打开"邮件夹"对话框,选中其中的"工具"文本标签,单击"开始修复"按钮,软件将自动修复所有邮件,如图 8-40 是修复完成后的界面,然后单击"确定"按钮,完成修复任务。

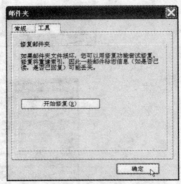

图 8-40　修复误删邮件

8.5.3　Foxmail 的常用设置

1．账户加密

首先选中要加密的邮箱账户,然后右键单击该账户,如图 8-41 所示,在右键菜单中选中"设置邮箱账户访问口令"选项,在弹出来的对话框中输入口令即可,如图 8-42 所示。

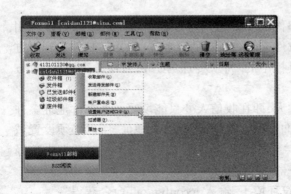

图 8-41　设置访问口令

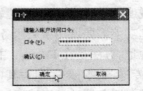

图 8-42　"口令"对话框

加密完成后在账户前面会出现一把锁的标记,表示此账户已经加密。清除密码的操作如下:首先双击账户,并输入正确的口令,然后右键选中该账户,在右键菜单中选中"设置邮箱账户访问口令"选项,在弹出的"口令"对话框中不填写任何口令,直接单击"确定"按钮,即可清除密码。

2.账户属性设置

右键选中想要设置属性的邮件账户,在图 8-41 中的右键菜单下面选中"属性"选项,这时弹出"邮件账户设置"对话框,如图 8-43 所示。在此对话框中,总共包括"个人信息"、"邮件服务器"、"发送邮件"、"接收邮件"、"其他 POP3"、"字体与显示"、"标签"、"信纸"、"网络"、"安全"十个方面的内容。

在多邮件账户情况下,除了可以建立多个邮箱账户来分别管理,还可在"邮箱账户设置"对话框中新建其他 POP3 连接,用一个邮箱账户收取多个邮箱的邮件。在图 8-43 中左边框中选中"其他 POP3"选项,在右面窗口中单击"新建"按钮,这时弹出"连接"对话框,如图 8-44 所示。在输入相应信息后,单击"确定"按钮,即可完成添加任务。

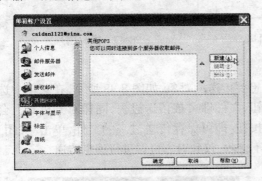

图 8-43　邮件账户设置对话框

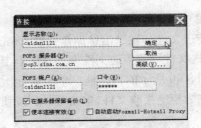

图 8-44　连接对话框

8.6　网络传输工具——IP Messenger

IP Messenger 是一个小巧方便的网络传输工具,它适用于局域网内甚至广域网间进行实时通信和文档共享。基于 TCP/IP(UDP),无需服务器,简单易用。它能在局域网内或广域网内方便快速地传输文件、文件夹、工作交流,传输速度比两机对拷要快,且占用系统资源较小,操作非常方便,是局域网内常用的传输工具。

8.6.1　IP Messenger 的安装与常用方法

1.安装

IP Messenger 又称为"飞鸽传书",现在最新的版本是 ver2.06,它的安装程序非常小,只有几百 KB,安装过程也非常简单。双击它的安装程序,弹出如图 8-45 所示的安装程序对话框,选择需要的装载模式,单击"开始"按钮,经过一段时间后安装即可完成。

2.常用方法

(1)发送消息,传送文件或文件夹

启动 IP Messenger,软件会自动最小化到任务栏中,双击任务栏中的图标弹出 IP Messenger 的发送窗口,如图 8-46 所示。窗口分为上下两部分,上部是局域网内 IP Messenger 搜索出来的成员列表框,下部是发送消息的文本框。

首先在成员列表框中选择要发送消息的对象,然后在下面的文本框中输入所说的语言,单击"发送"按钮,即可把消息发送到对方机器上。在对方机器上弹出如图 8-47 所示的窗口,单击"打开信封"按钮即可接收消息。

图 8-45　飞鸽传书安装界面

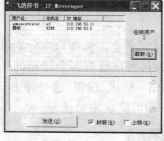

图 8-46　发送窗口

图 8-47　接收信息

　　(2) 传送和接收文件或文件夹

　　传送文件和发送信息操作类似,首先右键单击想要传送的对象,如图 8-48 所示,在菜单中选择"传送文件"或"传送文件夹",其次单击"发送"按钮,文件即可被传送过去,同样对方机器上会弹出图 8-49 所示的对话框。单击鼠标所指的长条按钮,即可保存传送过来的文件,单击"关闭"按钮则为拒绝接收文件,单击"回复"按钮则为暂时不接收,仅和对方机器进行消息传递。

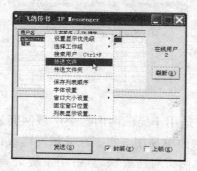

图 8-48　传送文件

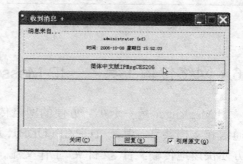

图 8-49　接收文件

8.6.2　IP Messenger 的设置

1. 功能参数设置

　　右键单击右下角的 IP Messenger 图标,在弹出的菜单中选择"服务设置"选项,对参数进行设置,这时弹出"服务设置"对话框,如图 8-50 所示。"用户名"就是在成员列表框中显示的昵称,通常输入真实姓名,以方便同事之间交流。

　　在图 8-50 中,单击"详细/记录设置"按钮,弹出如图 8-51 所示的对话框,在此对话框中可以对日志文件、是否有提示音、快捷键等进行设置。

2. 显示列表设置

　　在主界面上部的成员列表框中,已经有对成员信息的描述,假如想显示或隐藏这些描述,就要对显示列表进行设置。

图 8-50 服务设置

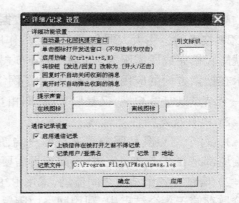

图 8-51 详细/记录设置

在成员列表框内部单击鼠标右键,选择菜单中的"列表显示设置"选项,如图 8-52 所示,这时弹出如图 8-53 所示的对话框,在"选择显示项目"选项中,勾选需要显示或隐藏的选项,单击"确定"按钮,即可改变设置。

图 8-52 选择"列表显示设置"

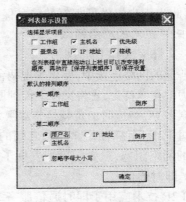

图 8-53 列表显示设置

8.7 P2P 下载工具——eMule

与 BT 下载相比,P2P 方式下载又是另一个下载模式。在应用方面采用 P2P 技术的软件也非常多,如 BT、迅雷、风播等软件都或多或少的将 P2P 技术应用其中。比如 BT 下载方式就是吸取了 P2P 的技术优势,以达到减轻服务器负载的目的。就目前而言,在 P2P 下载方面做的较好、用户数量多的就数 eMule 这款软件了,它的特点就是能在第一时间内搜索到并以最快速度下载文件。

8.7.1 P2P 相关知识

1. 什么是 P2P

P2P 就是 Peer to Peer 的缩写,通常称之为对等网络或对等连接。P2P 技术主要指,由硬件形成连接后的信息控制技术,其表现方式是软件通信。与目前网络运营的模式 C/S 模式相比,P2P 技术有较强的优势。首先,在 C/S 模式下互联网上要设置许多处理能力强,占用大带宽的高性能计算机,再将存放于其中的数据集集中处理,并且还要响应其他 PC 申请的服务,而 P2P 技术的运用大大弱化了服务器的作用,通过 P2P 网络的构架以及 P2P 客户端软件的配合就能轻松完成所需服务。其次,在分布式网络中,各个结点的计算机都是对等的,那么 P2P 技术在搜索方面的应用也无形中增加了网络中蕴含的潜在资源。可以说在 P2P 模型中,任意的一个结点既是客户端,又是服务端,即相互对等。

2．P2P 技术特性

1）每个结点既是服务端又是客户端,所有的资源全部分布在结点中,数据的传输和服务的响应都是在结点之间完成,中间不再需要服务器中转,具有良好的可扩展性。

2）信息在各个结点之间流动,采用 P2P 构架可以将大量的普通结点相互连接起来,将数据分散存储于各个结点中,利用网络中闲置的结点存储数据,达到了海量存储的目的,也节约了成本。

3）利用 P2P 构架的网络,具有良好的健壮性。由于数据分布存储于各个结点,即使一部分网络瘫痪,也不会影响整个互联网,P2P 网络充分保证了其他结点的连通性。

4）由于在 P2P 网络中,数据传输都是在结点之间分散进行,不再经过中间某个数据集中环节,因此为用户提供了很好的隐私保护。

3．P2P 技术的应用领域

（1）文件交换和 P2P 网络

在普通的网络连接中,要想实现两台计算机文件互传,除了借助于 P2P 软件,就必须依靠服务器作为中介。首先,先将文件上传到服务器上,然后其他用户再从服务器上下载,由此看来服务器对众多 PC 响应时的负载是非常巨大的。要解决这个矛盾激发了对 P2P 技术的研究。

通过 P2P 网络,使更多用户之间的信息流动变得顺畅,同时也减轻了服务器因负载过重而引起的网络阻塞,最大限度地发挥了边缘性计算机资源的性能。

（2）即时通信

将 P2P 技术应用于即时通信服务是非常普遍的,譬如 OICQ、Yahoo Messenger、IP 电话、电信 VOIP 电话、MSN Messenger、网络视频以及最为流行的腾讯 QQ,都是将 P2P 技术应用于其中。这些软件允许用户相互联系、交换信息,虽然两个用户之间信息传递不是直接的,还是需要服务器来帮助完成,但是此时的服务器担任的仅仅是协同调用、合理优化作用。

（3）搜索引擎的开发

将 P2P 技术应用于搜索引擎的开发中,用户无需通过 Web 服务器来获得搜索服务,也可以不受目前搜索格式的限制,此项技术地应用不仅提升了搜索服务的速度和节约了服务器成本,更重要的是促进了搜索服务与 P2P 技术的结合,为建立搜索索引数据库开辟了思路。

（4）对等计算

利用 P2P 技术对等计算,就是通过 P2P 网络把互联网上暂时不用的计算机联合起来,使聚集的能力完成超级计算机的任务。在需要大量数据处理的行业中,如地质、气象、生物领域利用对等计算不仅可以完成所需数据,而且还能够节约成本,减少对大型计算机的投资。换个方向看问题,其实对等计算就相当于网络中 CPU 的共享。

8.7.2 eMule 的安装与界面介绍

从 eMule 的官方网站(http://www.emule.org.cn/download/)上下载安装文件,本书中所

用的版本是 eMule-0.47c,双击下载好的安装程序,弹出"安装向导"对话框,如图 8-54 所示。单击"下一步"按钮,进入"许可证协议"对话框,这里单击"我同意"按钮,将进入如图 8-55 所示的"选择组件"对话框,用户根据自身的需要,勾选相应的选项,另外当鼠标悬停到某个选项上面时,右面的描述窗口中将自动出现对此选项的详细说明。随后,单击"下一步"按钮,将依次进入"安装"对话框、"选择插件"对话框、"完成"对话框。在最后一个对话框中单击"完成"按钮,此时 eMule 的安装工作全部结束。

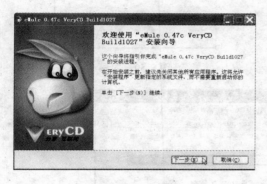

图 8-54 安装向导

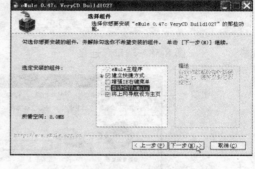

图 8-55 选择组件

在首次运行 eMule 时,软件会自动弹出"eMule 首次运行向导"对话框,让用户根据自身情况进行设置,如图 8-56 所示,单击"下一步"按钮弹出"常规"对话框,如图 8-57 所示,在此对话框中可自定义用户名,并且根据需要勾选相应的选项。随后单击"下一步"按钮,将进入"端口和连接"对话框,如图 8-58 所示,在这里用户可更改 eMule 所连接的端口,甚至禁用 UDP 端口。再次单击"下一步"按钮,弹出"完成向导"对话框,单击"完成"按钮,这时弹出如图 8-59 所示的"向导"对话框,在其中选择目前客户端接入互联网的详细类型,单击"应用"按钮,完成所有首次运行的相关设置。

图 8-56 eMule 首次运行向导

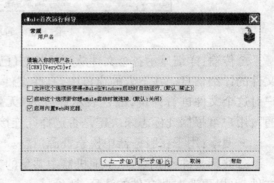

图 8-57 常规

在首次运行时,配置好所有的设置后,图 8-60 即为 eMule 的主界面。可以看出 eMule 分为三大部分:工具栏、工作区域、信息显示区。其中在工具栏中还集成了 IE 浏览器,鼠标单击工具栏中不同的图标,其对应的工作区域也不一样。

工具栏中各个按钮的简单含义如下所示:

◉浏览器:浏览器按钮,内嵌 IE 浏览器。

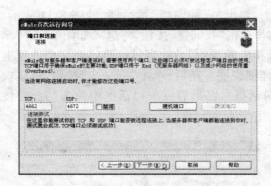

图 8-58 端口和连接

图 8-59 向导

图 8-60 eMule 的主界面

传输:详细显示各个文件队列的状态(已下载、下载中、上传中、排队中、已知客户)以及文件的详细信息。在下方的窗口中,有些文件名的前面有红色或绿色的"i",这表示有其他用户对这个文件进行评价,红色表示评分为"无效/糟糕",绿色分为"好/极好",黄色的表示"普通",用户可根据此标志来决定是否选择此连接。

搜索:用于在服务器中检索资源信息。

共享文件:用于显示本地机器中共享的文件和目录。在共享列表中,鼠标右键选中某个文件,可以更改对此文件的注释、评价。

选项:用于设置 eMule 的参数。

帮助:打开官方网站的帮助页面。

服务器:用于更改、查找、删除、新增 eMule 服务器。

统计信息:用于记录用户修改 eMule 参数前后的变化,对进一步更改设置有一定帮助。

工具:包含"导入未完成下载"、"IP 过滤"、"任务计划"等功能。

Kad:显示有关 Kad 网络的信息。

8.7.3 eMule 的使用方法

1. 添加下载任务

运行 eMule 软件,在其内嵌的浏览器地址栏中输入提供此项服务的专业网站,如http://www.VeryCD.com,通过浏览网页上面的信息,查找所需的文件资源。假如找到了有关文件,进入此文件资源的详细页面后,勾选相应的文件,然后单击"下载选中的文件"按钮,eMule 将会自动添加此项下载任务,如图 8-61 所示。如果直接单击所选择的文件名,同样可以完成此项操作。

图 8-61　添加下载任务

2. 文件共享与上传

在默认的情况下,eMule 共享的文件夹是在安装目录下的 Incoming 文件夹。如果想要更改共享路径,可以执行工具栏中的"选项→目录"命令,弹出如图 8-62 所示的对话框,在"下载"文本框右侧单击"浏览"按钮,选择下载文件存放的位置,还可以在下面的窗口中勾选需要共享的目录,最后单击"应用"按钮,保存设置。

假如用户有资源希望与其他网络用户分享,就要涉及到上传操作了。对于自己特有的文件,只要用户将此文件拖入到刚才设置好的共享文件夹下或指定的共享目录下即可,然后在eMule 主界面上单击工具栏中的"共享文件"按钮,在其工作界面中单击"刷新"按钮,这时就会发现在共享列表中已经有上传的文件了,其他网络用户可以通过 P2P 网络服务器来检索出所需要的信息,连接到共享该资源的 P2P 客户端。

另一种方法是,在共享文件列表中右键选择某个文件,在其中的下拉菜单中选择"显示ED2K 连接"选项,这时弹出如图 8-63 所示的"详细资料"对话框,然后单击"复制到剪贴板"按钮,将 ED2K 连接复制下来,然后登陆相关网站将刚才复制的链接公布出去,这样别人就可以通过此连接来下载你提供的资源了。

3. 搜索资源

网络上的资源很多,哪一个才是真正需要的资源呢? 这里以 eMule 为例,eMule 有两种搜索方式,一是靠 eMule 的服务器搜索,二是靠软件的客户端搜索。当 eMule 用户启动此软件的同时,eMule 将每个客户端的共享文件强制共享出去,随后将客户端电脑中的共享目录上报到eMule 服务器,如此一来其他用户就可以直接通过 P2P 服务器来进行文件检索了,达到了搜索的目的。与之对比的是,BT、迅雷则是通过 Web 服务器来实现搜索资源的,即用户在特定的网站上搜索文件,保存种子,通过种子信息连接到其他用户。

图 8-62　文件共享设置

图 8-63　详细资料

　　eMule 的搜索可以通过一下步骤来实现,单击工具栏中的"搜索"按钮,在工作区域左上角的"名字"框中输入搜索的关键字,在"类型"下拉菜单中选择对应的文件类型,之后在"方法"下拉菜单中选择服务器类型,这里推荐选择"全局(服务器)"最后单击"开始"按钮,这时在右面的窗口中就会出现许多资源,图 8-64 为搜索关键字"flash"的结果。在资源列表框中包含"文件名"、"评论"、"大小"、"可用源数"、"完成来源"、"类型"等十五种分类信息。

图 8-64　搜索资源

　　如果需要下载,则在资源列表中选择需要的信息,单击鼠标右键,在弹出来的菜单中选择"下载"选项即可完成添加下载任务的操作,双击所选文件同样也可实现下载操作。

　　值得说明的是,在搜索时应该分语言、分类型查找,使用的语言尽量是具有某些特征的关键字,这样检索出来的资源质量较高,另外尽量选择"来源"较多的文件下载,虽然说即使只剩下一个人共享了此文件,也能保证下载完成,但是只有"来源"越多,共享资源也就越多,下载的速度越快。

8.7.4 eMule 的简单设置

单击主界面上的"选项"按钮，打开"选项"对话框，如图 8-65 所示。这里共包含"常规"、"显示"、"连接"、"服务器"、"安全"、"Web 服务器"等十五种类别。用户可根据自身的情况来对 eMule 进行设置，这里就拿其中的"连接"选项做例子。

单击左边窗口中的"连接"选项，右边窗口将显示如图 8-65 所示的连接信息。首先在"每个文件的最大来源数"的硬性限制栏中填写一个适中的数值，默认值为 500。其次在"连接限制"中输入一个最大连接数，通常数值越大，连接数量越多，当然连接的数值太大也没有什么实际意义。"能力"选项表示下载和上传的能力，可以根据实际情况填写一个高于最大传输速度的值，其中上传文本框中填写的数值应保持在下载速度的 1/3 左右。最后在"上限"选项中分别勾选"下载限制"、"上传限制"两个复选框，这样做的目的就是，当 eMule 最小化到任务栏中时，鼠标右键单击其图标，如图 8-66 所示，可以在弹出来的菜单中方便地控制其下载和上传速度。

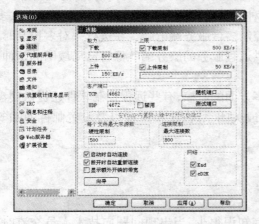

图 8-65　连接信息

图 8-66　调节速度

值得说明的是，eMule 是一款 P2P 共享软件，客户端的双方都需要有奉献精神，这样构建起来的 P2P 网络才能发挥效应。在使用 eMule 这款软件时要想下载速度快，应该注意这几个方面，首先应该选择一个较好的服务器，在主界面上单击"服务器"按钮，在其界面中寻找 Ping 值小且文件数和用户数都多的服务器。其次，选择源数大的文件下载，这样既能保证文件质量又能保证下载速度。最后，同时下载多个文件。因为单个文件下载速度是不能和 BT 相比的，但如果同时下载许多文件，不仅提高了工作效率，同时还弥补了其他文件等待下载时所浪费的时间。

8.8　远程控制工具——流萤

随着网络迅速的发展，以及计算机管理技术的需要，远程操控技术得到了灵活的应用。对于那些刚接触网络知识的初学者来说，可能总觉得远程控制、远程协作还是件神神秘秘，遥不可及的事情。其实，在日常生活中，远程控制的应用也非常多，只要运用的方法正确，控制远程的计算机也就和使用你自己的计算机一样方便了，只是在目前计算机防范比较高的情况下，自己除了需要有一定的网络知识以外，还需要一些工具软件的帮助。

流萤,是一款比较流行的反弹型远程控制软件,它的功能强大,运行稳定,还具有支持跨网控制的特点,如果运用得当,就可以对服务端进行进程控制、文件断点传输、屏幕截取、远程执行 CMD 命令、远程卸载等一系列操作。这一节就主要介绍一下流萤这款软件的使用和远程控制的一些基本常识。

8.8.1　简单原理介绍

要了解远程控制的原理首先应该了解什么是客户端,什么是服务端。Client 即为客户端程序,是运行在自己电脑上的程序;Server 即为服务端程序,是运行在远程被控制电脑上的程序。其工作流程一般是这样的:首先将客户端程序安装到自己电脑上,这样自己电脑就是主控电脑,通过参数配置,在自己电脑中生成服务端程序,然后通过某种手段把生成的服务端程序传送给远程电脑并且运行。随后客户端程序就向被控制电脑的服务端程序发出连接请求,当连接成功后就建立一个远程服务,客户端通过这个远程服务获取远程计算机的信息,并向服务端发出远程控制命令,控制服务端电脑,通常把这种控制模式称为一对一的远程控制。在大多数情况下利用远程控制软件,一台主控电脑适合控制多台服务端电脑。在进行一对多控制时,此时的远程控制软件更像一个网络管理员,而提供远程服务的服务端就像自己局域网的延伸,方便主控端管理其他电脑。

通过远程控制软件,可以对服务端电脑进行多方面的监控,有些远程控制软件还提供键盘记录、提取普通账户秘密、修改注册表、远程重启或关闭系统、主机广播以及设置邮件通知等功能。

8.8.2　远程控制技术的应用

1. 远程协助

对于大多数计算机用户来说,可能了解的电脑知识很少,当出现问题向技术人员交流时,无法准确的描述屏幕上的内容,这就给判断故障造成巨大的影响。而在解决问题时,技术人员也无法指导用户操作一系列复杂的命令,原本很简单问题就需要花费很多时间,效率很低。通过远程控制技术的应用,技术人员就可以像操控自己电脑一样,为远程用户解决问题。在这一方面,腾讯 QQ 中的远程协助功能就是个很好的例子,只不过 QQ 的远程协助是通过主动申请,控制权释放的模式来运作的,充分保证了被控端的安全。目前 QQ 的远程协助只支持鼠标的操作,还不具备更强大的功能,所以仅能协助解决一些常规问题。

2. 远程维护

技术人员通过远程控制技术可以为远程电脑安装配置各种软件、优化软件的设置、升级病毒代码、查杀电脑病毒等。对于中小型电脑公司、网吧特别适用,不仅降低了运行成本,提高了工作效率,还缩短了整体维护的响应时间。

3. 远程教育

远程控制技术可以应用于教育领域。主控电脑通过远程控制技术获取远程电脑的操控权,操作远程电脑向对方演示教学,使得用户学习实例知识变得十分容易。而反过来,主控电脑也能看到远程电脑的操作,可以实时进行指导,所以远程控制技术在远程教学方面有重要意义和发展前景。

8.8.3 流萤的安装与界面介绍

目前流萤的最新版本是"流萤 v2.5"版,从互联网上下载该款软件。由于此软件是完全免费的绿色软件,所以直接解压缩就可运行,图 8-67 即为流萤的主界面。

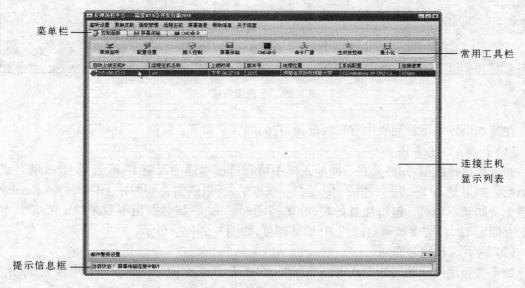

图 8-67 流萤的主界面

从图 8-67 可以看出,此款软件的功能还是非常多的,界面布局主要分为菜单栏、常用工具栏、连接主机显示列表、提示信息框四部分。从功能上来看,主要是三大部分:控制面版部分,主要负责参数的配置;屏幕传输部分,主要负责远程屏幕的实时监控;CMD 命令部分,主要负责在远程电脑中执行 CMD 命令。

8.8.4 流萤的使用方法

1. 首次运行配置

首次运行时,配置设置都是默认值,为了更好的管理连接到自己机器上的服务端,建议用户首先配置本地机器的一些参数。首先在流萤的主界面中单击工具栏中的"配置设置"按钮或者执行菜单中的"监听设置→更改监听端口"命令,这时弹出如图 8-68 所示的对话框。

在"监听端口"和"连接密码"中填写自定义的端口号和密码,然后勾选"允许 Web 方式查看连接列表"和"允许被控端在建立连接后自动升级到最新版本"两个复选框,并且输入请求密码。值得注意的是,一定要记住自定义的端口号和密码,允许 Web 方式查看连接将在后续讲解中给大家做演示。所有配置完成后,如图 8-68 所示,单击"更改"按钮,保存修改设置。

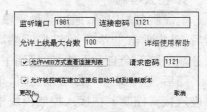

图 8-68 配置设置

2. 生成服务端程序

在主界面工具栏中单击"生成被控端"按钮或者执行"监听设置→生成被控端"命令,这时弹出如图8-69(左)所示的"配置服务端"对话框,在基本配置一栏的下拉菜单中选择相应的类别,并在后面的输入框中填写相关地址。

图8-69　配置服务端

在基本设置的下拉列表中有三种选择,它们的含义如下:

(1) 反弹DNS或IP

如选择这种类型,则需要在后面输入框中填写自己本地的固定IP或者是DNS域名服务器地址。如果是ADSL用户,由于IP是自动获取的,所以还需要到网站上(http://kj.txd.cn)申请免费的动态域名。值得注意的是,在填写的时候DNS域名前面不要带"http://"。本例由于有固定IP,仅需要填写自己的IP地址即可,如图8-69(左)所示。

(2) 网页跳转域名通知

如果需要用网页跳转的方式更新控制端的IP地址,那么同样需要在网上申请免费的空间地址,将本地的IP地址保存在一个名为"ip.txt"的文本文档中,然后上传到服务器,那么这时在后面的文本框中就要填写放在服务器中ip.txt文件的地址,即http://xxx.xxx.xxx/ip.txt,如图8-69(中)所示。

(3) 网页文件通知

选中该类型后,会自动出来一个"FTP文件更新"文本标签,选中该标签,如图8-69(右)所示,在这里填写FTP空间的登陆信息,用于将本机IP列表中的IP地址用FTP方式上传更新到网页中,假如用户没有FTP空间,就没有必要选择这种类型。

值得注意的是,在反弹DNS或IP模式下,填写的"反弹连接端口"和"识别密码"一定要和配置设置中"监听端口"和"连接密码"分别保持一致,否则的话生成的服务端是不能连接到主机上的。待所有设置无误后,单击"生成"按钮,弹出选择保存地址对话框,并且让用户自己为生成的服务端命名,最后单击"保存"按钮,这样就生成一个服务端程序。

3. 接入控制

生成服务端以后,通过某种手段让目标机器运行刚生成的服务端程序。当主控端启动流萤后,首先单击主界面上的"监听端口"按钮,这样远程电脑只要连接到互联网上,等待片刻后,服务端电脑就会自动上线,连接到主控电脑,如图8-70所示。

随后,选中某一台服务端主机,单击"接入控制"按钮或直接双击列表框中服务端主机,即可进入接入控制。在接入控制模块中,双击左侧树形结构中的"远程主机",软件就会自动获取远程电脑的驱动信息,数据分析完毕后,远程电脑中硬盘的情况就一览无余了。

(1) 文件管理

在如图8-71所示的文件管理中,流萤支持对远程电脑的刷新、下载、上传、续传、远程运行、删除、压缩等基本操作。如果需要下载远程电脑中的文件,只需在左侧树形目录中查找所需文件,并在右侧浏览框中右键单击该文件,选择其中的"下载"选项即可。随后我们再单击"文件下载"标签,则刚才选择下载的文件就显示在列表框中。在文件下载模块中,软件除了显示被下载文件的名称、大小、类型、当前状态等信息之外,还能对下载列表中的文件进行管理。右键单击某个下载文件,如图 8-72 所示,在弹出来的子菜单中分别可以对文件进行暂停、开始、删除、增加/减少线程等操作。

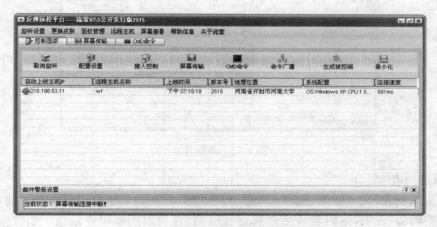

图 8-70　服务端上线

图 8-71　文件管理

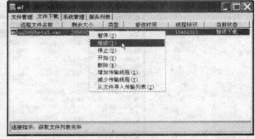

图 8-72　文件下载

同样,上传操作类似于下载操作。如果想在远程电脑中运行某个软件,则首先选中某个EXE 文件,然后右键单击这个文件,在弹出来的菜单中选择"运行"选项,通常选择二级子菜单中的"隐藏运行",这样远程电脑屏幕不会有什么变化。

（2）系统管理

单击"系统管理"文本标签,进入系统管理窗口。左边窗口中记录了远程机器的基本信息,右面的窗口则是显示当前远程电脑中正在运行的进程情况。刚进入时左右两侧窗口均是空白,首先在左侧窗口中双击鼠标,来获取远程电脑信息。其次,在右侧窗口中单击鼠标右键,选择其中的"刷新"选项,此时软件会自动列出当前远程电脑的进程信息。如果想结束远程电脑中的某个进程,只需右键选中这个进程,在弹出来的菜单中选中"关闭进程"选项即可,如图8-73 所示。

图 8-73　系统管理

（3）服务列表

单击"服务列表"文本标签,这时进入服务列表窗口,在显示窗口中任意处右键单击一下,选择其中的"刷新"选项,这时软件会连接远程电脑,并获取远程服务信息。当数据处理完毕后,所有服务就显示在下面的窗口中。当想要停止或开启某个服务时,只需要鼠标右键单击相应的服务,在弹出来的菜单中选择相应的命令即可,如图 8-74 所示。

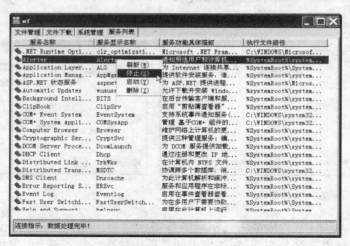

图 8-74　管理远程服务

4. 远程屏幕

此功能可以协助主控端远程查看服务端的屏幕。首先在主界面上选中连接的某台主机,然后单击"屏幕传输"按钮,稍等片刻在远程屏幕的窗口中就会出现被控制端的屏幕,如图8-75所示。远程电脑屏幕的变化,会实时传送到主控端,并且在主控端屏幕显示过程中,单击鼠标右键,还能对屏幕色彩、压缩比率等信息做详细设置。

5. 远程 CMD

习惯用命令的用户,可能对这个功能比较感兴趣。首先在主界面上选中连接的某台主机,然后单击"CMD 命令"按钮,这时会发现软件正在和远程电脑建立 CMD 连接。连接成功后,此时的界面就相当于远程被控端命令提示符的窗口,在此界面下输入"net user"命令,果然测试结果显示有一个远程连接,如图 8-76 所示。

图 8-75 远程屏幕   图 8-76 远程 CMD

6. 远程连接查看

如果想在没有安装客户端软件的电脑上查看已经连接到主机上的服务端时,可以进行如下操作:就本例而言,首先打开 IE 浏览器,其次在地址栏中输入 http://298.198.53.18:1981/1121,这时在 IE 浏览器中就会出现如图 8-77 所示的连接信息,表示有一台电脑正在与主控端建立连接。

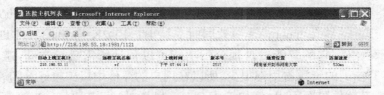

图 8-77 Web 方式查看连接

值得注意的是,这里的 IP 地址是主控端的 IP 地址,冒号后面的是端口号,"/"后面的1121 是连接的密码。另外,如果在图 8-68 中没有勾选"允许 Web 方式查看连接列表"选项,则是无法使用 Web 模式查看连接的。

8.8.5 客户端的防范措施

由前面所学可知,若流萤此类软件用于非法目的,显然会给其他用户带来极大的危险,其生成的服务端程序,实际上就是一种典型的"木马"程序。而不法分子要想控制远程电脑,必须在对方机器上运行服务端程序,那么木马的传播就成为最重要的环节。大多数情况下传播木马的途径首先是网站木马传播,就是在网页中插入一段代码,达到隐藏下载的目的,当其他用户浏览此网页时,就会自动隐藏下载并运行该程序;其次通过与其他文件绑定的方法欺骗用户运行服务端程序;最后就是通过匿名邮件,向别人发带有附件的邮件,当下载附件并打开时就会运行木马程序。

当然木马传播的途径不仅仅是这些,随着互联网的发展,各种各样的欺骗手段都会应用在木马传播上面,所以在防范措施方面,用户一定要做好充分的准备。首先是养成良好的习惯,安装杀毒软件并定期查毒,适当配置有应用程序规则的防火墙。其次,可以使用一些简单的CMD 命令,来查看自己电脑是否连接有其他机器,例如在命令提示符界面下执行"netstat"命令,即可看到本地计算机与其他远程计算机的连接情况,如图 8-78 所示。有关该命令的详细使用方法和有关参数,以及其他简单命令在这里就不再赘述了,请读者自行查阅有关资料。

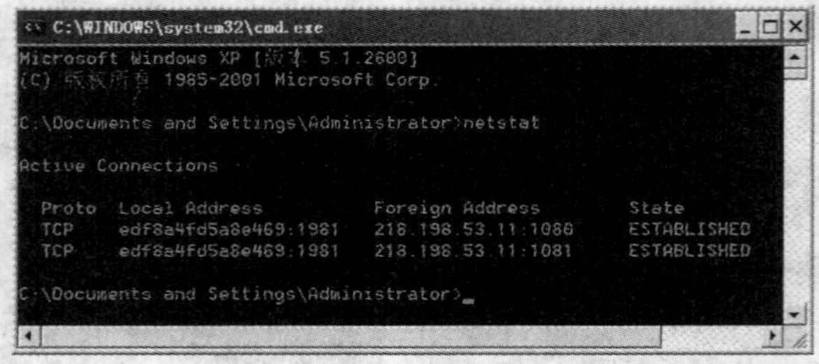

图 8-78 "netstat"命令显示的结果

8.9 其他相关工具软件介绍

本章主要介绍了目前网络上流行的非 HTTP 下载工具和网络传输工具,通过这些工具的学习,可以解决在丰富的网络世界中各种网络资源的下载问题。

1. BT 类和 P2P 类下载工具软件

此外,BT 类和 P2P 类下载工具也非常之多:BitTorrent、BitComet、脱兔 Tuotu 都是非常流行的下载工具。其中"脱兔 Tuotu"是一款同时支持 BT、ED2K(eMule)、HTTP、FTP、MMS、RTSP 协议的下载软件,它的智能磁盘预分配功能可以预计所需磁盘空间,避免产生磁盘碎片。另外"脱兔 Tuotu"的资源占用率很少,所以在用户的评价中口碑较好。随着 BT 的流行与发展,新一代的 BT 软件脱颖而出,例如 Fun Player 风播、风行、ToToLook 等都是支持边下载边观看的 BT 类软件。这些软件都具有 BT 高速下载、缓冲一段时间即可同步视频播放以及支持多种视频格式等特点。另外在支持 DHT 网络、穿透防火墙、智能磁盘缓存、线程优化等技术方面也都有所突破和发展。可以说这类软件是新一代的基于 BT 的 P2P 点播新宠了。

2. FTP 类和网络传输工具软件

在 FTP 类和网络传输方面,CuteFTP 、32bit FTP、SmartFTP 可谓是网络上非常流行的上传下载工具。值得一提的是"CuteFTP"这款软件,可以说它是和 FlashFXP 具有同等影响力的 FTP 下载工具。CuteFTP 的界面类似于 Windows 资源管理器的界面,除了常有的功能外还具有远程编辑、支持队列等特有功能。此外,在 CuteFTP 中还增强了文件搜索和 MP3 搜索功能,充分考虑到用户使用的便利性。

3. 邮件工具软件

在邮件工具方面,Dreammail、KooMail、Becky! Internet Mail 是目前邮件工具中评价非常高的工具软件。其中,Dreammail 同样支持多账户管理,但最大的特点是支持语音邮件、匿名发送和群组发送,而且在对付垃圾邮件方面具有独到的功能。而 Becky! Internet Mail 还具有在不外挂任何多内码语言支持软件的情况下看繁体信件的功能,操作也较为人性化。

4. 远程控制工具软件

在远程控制方面,灰鸽子、网络神偷、上兴远程控制等都是热门的同类软件。由于服务端对客户端连接方式多种多样,这样就使得无论在局域网、公网或者 ADSL 用户都有可能中毒。如果此类软件用于正常目的,则是一种非常好的远程协助、远程传输工具,如果用于不法目的,则是一种功能强大的黑客工具。

综上所述,网络工具种类多种多样,功能也千变万化,在掌握了多种网络工具软件后希望能给读者增添网上冲浪的乐趣。

8.10 习题

1. 练习使用 BT 下载方式下载文件。
2. 比较 BT 下载方式与 FTP 下载方式的区别是什么。
3. 使用 BT 软件制作种子。
4. 练习使用 FlashFXP 登陆 FTP 服务器。
5. 使用 Foxmail 收取邮件,并练习恢复已经删除的邮件。
6. 练习在局域网内利用飞鸽传书进行文件传输。
7. 下载并安装 eMule,掌握其基本设置及使用方法。
8. 在局域网内部配置流萤,并练习测试控制他人机器。
9. 查阅有关资料了解"netstat"命令的使用方法,并检测本地机器的网络状态。

第 9 章　娱乐视听工具软件

在科学技术飞速发展的今天,随着多媒体技术与计算机的不断融合,计算机不仅应用于数据处理、科学计算、文件存储等方面,还具有各种娱乐功能,成为丰富人们生活的主要工具。

9.1　媒体播放与制作工具软件介绍

随着计算机应用的普及和处理能力的不断提高,多媒体功能已成为计算机的一个重要组成部分。多媒体功能是指使用计算机对多媒体进行播放和制作加工的能力等。本章主要介绍常用的媒体播放软件,如暴风影音、Windows Media Player、RealOne Player、foobar 2000 和 JetAudio;视频直播共享软件 PPLive;视频制作工具 Windows Movie Maker;音频格式转换工具"超级转换秀";电子杂志阅览器 Zcom 等。

9.2　视频播放工具

能够在计算机上播放的媒体通常有 CD、VCD、DVD 等,这些媒体一般可以使用播放软件如"超级解霸"、"金山影霸"等播放。而作为计算机用户,经常会见到"流式媒体"文件。本节主要介绍 Internet 中常出现的"流式媒体"文件的播放工具,其中包括支持多种格式的音视频文件播放器"暴风影音",用以播放 .asf、.wmv 等格式文件的 Windows Media Player 和播放 .rm、.rmvb 等格式文件的 RealOne Player。

9.2.1　暴风影音 2006

作为对 Windows Media Player 的补充和完善,"暴风影音"可完成当前大多数流行影音文件、流媒体、影碟等的播放而无需其他任何专用软件。它提供和升级了系统对常见绝大多数影音文件和流媒体的支持,包括 RealMedia、QuickTime、MPEG2、MPEG4(ASP/AVC)、VP3/6/7 等流行视频格式;AC3/DTS/LPCM/AAC/OGG/MPC/APE/FLAC/TTA/WV 等流行音频格式;3GP/Matroska/MP4/OGM/PMP/XVD 等媒体封装及字幕支持等。用户可登录"暴风影音"官方网站 www.baofeng.com 免费下载最新版本。本例以"暴风影音 2006(官方无插件版 6.10.00)"为例说明其安装、使用和设置方法。该版本移除了所有第三方软件,针对性地调整和优化了安装程序和综合设置程序,以及一些默认设置,用户使用起来会更加得心应手。

1. 安装"暴风影音 2006"

"暴风影音 2006"采用 NSIS 封装,为标准的 Windows 安装程序,特点是单文件多语种(目前有简体中文和英文供用户选择),具有稳定灵活的安装、卸载、维护和修复功能,并对集成的解码器组合进行了尽可能的优化和兼容性调整,适合普通的大多数以多媒体欣赏或简单制作为主要使用需求的用户。

双击"BaoFeng.exe"程序图标,启动安装程序。首先出现提示"选择语言"对话框,有简体中文和英文两种语言可供选择,这里选择"简体中文"。单击"OK",启动安装向导,引导用户完成安装。

在安装过程中,安装向导会提示用户选择安装模式。该软件为用户提供了两种预设和一种自定义安装模式,如图 9-1 所示。通常选择"典型安装",这种模式适合大多数用户,能够安装全部组件和功能,具有良好的兼容性和适用性。如果硬盘空间较小,可选择"最小化"模式;对于有特殊要求的用户则可根据自己的需要选择是否安装各个组件。选择安装模式后,单击"下一步",安装程序继续,如图 9-2 所示。

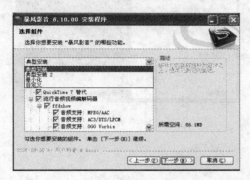

图 9-1 "选择安装模式"对话框

图 9-2 程序安装过程

第一次安装完成时,安装程序会自动启动暴风影音综合设置程序中的"设置文件关联"对话框,如图 9-3 所示。请用户选择希望被 Media Player Classic 关联和播放的媒体格式,没有特殊情况的话,建议用户采用推荐值。如果在这里选择了"取消",系统将不改变任何文件关联,当然某些格式也将无法被播放。用户也可以通过安装完成后再单独运行"暴风影音综合设置"程序中的这个文件关联设置选定希望关联的格式。程序安装完毕,会弹出提示用户"安装完成"的对话框,单击"完成"按钮,安装过程结束。

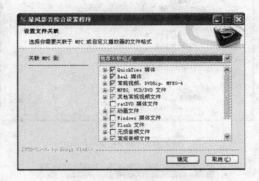

图 9-3 文件关联设置对话框

2."暴风影音 2006"的使用方法

双击桌面上"暴风影音 2006"快捷方式图标,启动软件,在屏幕上出现如图 9-4 所示的主界面。打开主界面菜单栏中的"文件"菜单,如图 9-5 所示可以看到有多种"打开"方式。单击"快速打开文件",打开如图 9-6 所示的对话框,用户可以选择存放在计算机中的媒体文件进行播放。选择"打开文件",则出现显示上次播放视频文件路径的对话框,如图 9-7 所示,单击"确定"即可立刻播放上次播放的文件。如果播放过程因故停止,下次播放时可按照这种方式打开,省去重新选择播放文件的时间。选择"打开设备",打开如图 9-8 所示的对话框,可以为用户找到与该计算机相连接的视频设备。

在播放视频文件过程中,用户可以根据自己的需要,通过如图 9-9 所示的主界面下方的按钮,轻松实现影音播放、暂停、快进等快速操作。将鼠标光标放在如图 9-9 所示的控制按钮上,按钮下方就会显示该按钮的操作,依次为播放、暂停、停止、上一个、减速播放、加速播放、下一个、步进。最右边带有扬声器标志的为音量调节。用户也可以通过用光标移动进度条,来调节具体的播放位置。

图 9-4 "暴风影音 2006"主窗口

图 9-5 "文件"菜单

图 9-6 "打开"对话框

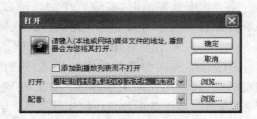

图 9-7 默认上次播放文件

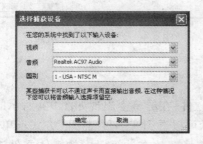

图 9-8 "选择捕获设备"对话框

图 9-9 操作控制面板

　　如果用户感觉播放视频文件的窗口太小,则可在"查看"菜单中选择"全屏",如图 9-10 所示,播放屏幕即可充满整个显示器屏幕。

　　如果在观看电影的中途要进行其他操作或关闭计算机,当再次需要继续观看时,暴风影音提供了一个类似于下载软件的"断点续传"功能。选择"收藏"菜单中的"添加到收藏夹",打开如图 9-11 所示的窗口,在"请选择一个快捷方式名称"栏设置一个名字,再勾选"记住位置",单击"确定"按钮。下次播放时只需选择"收藏"菜单中设置的快捷方式名称就可以继续观看了。

用户还可以选择"收藏"菜单中的"管理收藏夹"来管理添加的收藏项,包括重命名、移动顺序等。

图 9-10　全屏设置

图 9-11　添加收藏夹

3."暴风影音 2006"的设置

现在,设计者已将以前的版本中为不同的解码器和功能提供的分散的设置程序和快捷方式整合为一个方便高效的"暴风影音综合设置程序"。在"开始"菜单的"暴风影音"子菜单中单击"暴风影音综合设置",打开如图 9-12 所示的对话框。用户可通过选择要进行调整的选项,按照自己的要求对软件进行设置。

在图 9-12 所示的对话框中有多个任务可供选择。第一次安装完成时,安装程序会自动启动暴风影音综合设置程序中的文件关联设置,如果在使用过程中需要改变关联,则可选择"文件关联设置"选项,单击"下一步",打开如图 9-3 所示的"设置文件关联"对话框,重新设置文件关联。

如果选择"RealMedia 设置"选项,单击"下一步",打开如图 9-13 所示的"RealMedia 设置选项"对话框。MPC 对 Real 媒体的渲染模式有两种:RealMedia 和 DirectShow,目前这两种渲染方式各有短长,对不同的 Real 媒体的兼容性也不完全一致。一般默认采用的是 DirectShow方式,如果在这种方式下出现问题比如播放器出错或发音不正常,可调整视频渲染模式为RealMedia 方式,反之亦然。"带宽"设置可根据自己的实际情况进行调整。如果网速较慢,请相应加大三个时间的设置值,但不建议超过默认值太多。

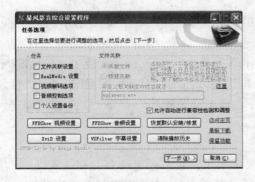

图 9-12　"暴风影音综合设置程序"对话框

图 9-13　"RealMedia 设置选项"对话框

选择"音频控制选项"，单击"下一步"，打开如图 9-14 所示的音频控制选项对话框。把分散而且难度较高的扬声器/混音设置和左右声道的独立控制整合在一个方便直观的界面上，易于进行安全的调整。

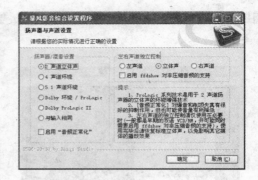

图 9-14　音频控制选项

此外还可以通过其他选项完成暴风影音设置数据的备份、主要解码器的设置、修改关联文件的默认图标、修复默认设置、启用/禁用兼容性自动扫描与设置程序、清除 WMP 和 MPC 的播放历史记录及未开发的保留功能等。单击"恢复默认安装/修复"项可以恢复暴风影音的原始安装状态，对于进行了过多设置导致出现系统解码环境混乱的情况很有效。

9.2.2　RealOne Player 播放器

RealOne Player 是一种全新的支持媒体格式更多、网络功能更强的播放器。它不仅是纯粹的播放器，而且内置了全新的 Web 浏览、曲库管理和大量线上广播电视频道等网络功能，实现了用户与互联网的更直接接触。其对各种媒体格式的支持让用户不必安装其他媒体播放软件。RealOne Player 是一个免费软件，用户可以从 Internet 上自由下载。本例以 RealOne Player 2.0 简体中文版为例说明其安装、设置和使用方法。

1. 安装 RealOne Player

在安装之前首先需要通过搜索确定计算机中是否安装有早期版本的 RealOne Player 播放器，若有应在安装前将其卸载。双击安装程序图标"RealOnePlayerV2GOLD.exe"，启动安装程序。在图 9-15 所示的选择安装设置对话框中一般选择"快速安装"，单击"下一步"按钮。

在如图 9-16 所示的对话框中，安装程序列出了支持的网络连接速度，用户可根据自己的实际情况进行选择。本例选择了"DSL/电缆（384Kbps）"，

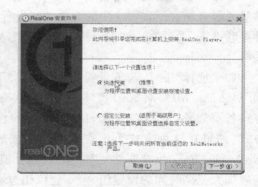

图 9-15　选择安装设置

单击"下一步"按钮，安装程序继续。经过一段时间的文件复制，出现如图 9-17 所示的对话框。要求用户指定与 RealOne Player 关联的默认媒体。一般可选默认值，单击"完成"按钮。

安装向导完成后，会出现"欢迎使用"画面，单击"下一步"，安装程序会连接到 RealNetworks 网站，要求用户对产品进行免费注册，在对话框中输入注册信息，单击"创建"按钮，打开如图 9-18 所示的选择安装方式对话框。此处应选择"基本安装程序"，单击"继续"按钮，进入如图 9-19 所示的 RealOne Player 程序主界面。

2. 使用 RealOne Player

在 RealOne Player 主界面的最顶端是菜单栏，菜单用于管理和列出许多 RealOne Player 功能。除了 RealOne Player 顶部的菜单栏外，还可以通过菜单名称或图标旁边的"▼"找到其他菜单。单击任何菜单名称（或图标），可以显示功能和子菜单列表。

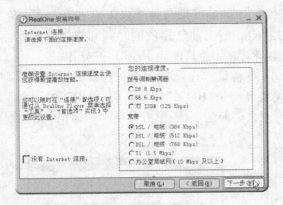

图 9-16　选择网络连接速度

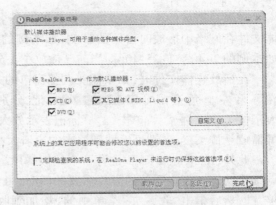

图 9-17　选择关联媒体

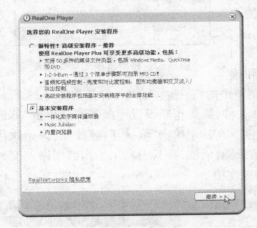

图 9-18　选择安装方式

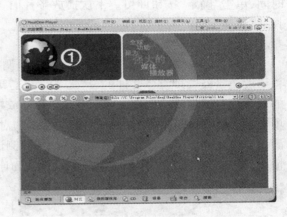

图 9-19　RealOne Player 主界面

　　如果需要播放文件,可执行"文件"菜单中的"打开"命令,打开如图 9-20 所示的对话框,在打开位置直接输入媒体资源的地址,或者通过单击"浏览"在计算机中查找播放文件。单击"确定"按钮,开始播放文件内容,如图 9-21 所示。

图 9-20　"打开"对话框

图 9-21　RealOne Player 播放窗口

在播放窗口的上方显示当前播放的文件名称,如本例的"[加菲猫2双猫记 加长版]";媒体文件在网络中播放时占用的带宽,如本例的"722Kbps";当前已播放的时间和媒体总长度,如本例的1:40／1:25:40(即当前已播放了1分40秒,媒体总长度为1小时25分40秒)。

在播放媒体文件时,如果需要调整窗口的大小,可将鼠标光标指向正在播放的媒体画面,在屏幕左上角会显示 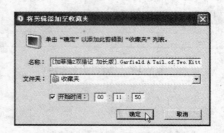 标记,分别代表当前是"100%"显示画面;单击"1×"标记表示按1:1比例显示;单击"2×"标记表示放大为原来画面的2倍;单击最后一个标记,表示全屏播放。按<Esc>键可返回到原来的窗口大小。

此外,RealOne Player 也有一个类似暴风影音的断点续传功能。正在播放的影片需要关闭时,可先按"暂停"键,然后单击"收藏夹"菜单中的"添加到收藏夹",会打开如图9-22所示的对话框。输入目前已播放的时间,单击"确定"按钮即可。下次播放影片时,只需选择"收藏夹"菜单中的文件名称即可继续观看。

图 9-22　将剪辑添加至收藏夹

3. 设置 RealOne Player

RealOne Player 为用户提供了一些用于调整和改善播放质量及管理媒体文件的设置。执行"工具"菜单中的"首选项"命令,打开如图9-23所示的对话框。如果希望在 Internet 中流畅地播放媒体文件,需要正确设置连接带宽。单击"首选项"对话框中的"连接",打开如图9-24所示的对话框。在其中单击"测试连接"按钮,开始执行测试。测试完成后会显示如图9-25所示的"测试结果"对话框,在其中列出了当前网络速度的情况。单击"更新"按钮,可将测试结果设置为连接速度值。

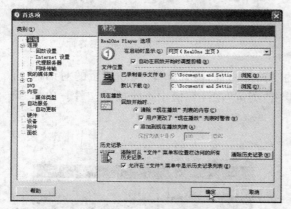

图 9-23　首选项——常规设置

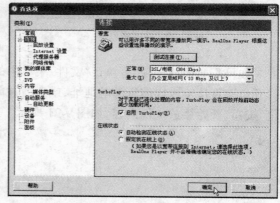

图 9-24　首选项——连接设置

RealOne Player 支持大量便携式音乐播放器和存储设备。如图9-26所示,在"首选项"的"设备"部分中,用户可以将便携式设备安装并配置为与 RealOne Player 配合使用。

通常从网上下载的 RMVB 文件容易受到病毒感染,被感染的 RMVB 视频文件在播放时会不断弹出恶意网页,通过恶意网页使系统感染病毒。用户可下载并安装"RM 去广告专家"程序,对下载的 RMVB 文件进行破解,之后再用 RealOne Player 播放就不会再出现恶意事件了。

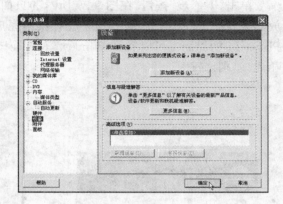

图 9-25 测试结果　　　　　　　　　　　　　图 9-26 首选项——设备

9.2.3 Windows Media Player 播放器

Windows XP 和 Windows 2003 自带的 Windows Media Player 播放器,可以播放和组织计算机及 Internet 上的数字媒体文件。此外,可以使用播放机播放、翻录和刻录 CD;播放 DVD 和 VCD;将音乐、视频和所喜爱的录制的电视节目同步到便携设备(如便携式数字音频播放机、Pocket PC 和便携媒体中心)。本节以 Windows XP 环境为例介绍 Windows Media Player 11 的使用方法。

1. Windows Media Player 11 的安装

Windows Media Player 为 Windows XP 和 Windows 2003 自带的播放器,如果初始安装时没有安装,可双击"控制面板"中的"添加/删除程序"图标,在屏幕提示下进行安装即可。Windows Media Player 11 是目前最新版本,需要从微软网站上下载安装程序,然后进行安装。

下载完毕后,双击安装包安装即可,解压缩完毕后,就会出现软件许可协议,单击"我同意"继续下一步。在如图 9-27 所示的对话框中需要用户选择安装方式,选择"自定义",单击"下一步"按钮,开始安装。安装完毕之后,可以通过快速启动栏、开始菜单中的"Windows Media Player 11"快捷方式启动程序。

首次启动时会出现如图 9-28 所示的界面,要求用户对播放器进行初始配置。用户可以指定"隐私选项"和查看"隐私声明",也可以单击"Cookie"按钮更改本计算机的"隐私"设置。

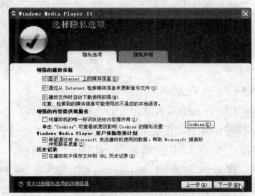

图 9-27 选择安装方式　　　　　　　　　　图 9-28 设置"隐私"选项

单击"下一步"按钮,在图 9-29 所示的页面中,用户可以指定与 Windows Media Player 播放器关联的文件类型。单击"下一步"按钮完成安装,启动如图 9-30 所示的 Windows Media Player 11 的界面。可以看到 Windows Media Player 11 的界面同 Windows Media Player 9/10 相比,差别比较大。

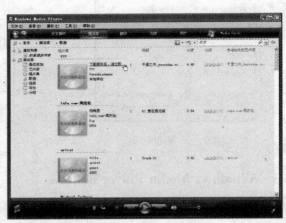

图 9-29　设置关联的文件类型　　　　　　图 9-30　Windows Media Player 界面

2. Windows Media Player 11 的功能

Windows Media Player 11 与以前版本相比,操作与功能更加人性化,并且增加了多种视频格式的支持,为数字媒体提供无以伦比的选择和灵活性。使用它可以轻松管理计算机上的数字音乐库、数字照片库和数字视频库,并可以将它们同步到各种便携设备上,以便用户可以随时随地欣赏它们。

（1）播放媒体文件

在 Windows Media Player 界面上执行"文件"菜单中的"打开"命令,在打开的窗口中选择需要播放的文件即可。也可以在"我的电脑"或"资源管理器"中,双击与 Windows Media Player 关联的文件名,即可自动开始播放。

如果需要播放 Internet 上的媒体资源,则可以执行"文件"菜单中的"打开 URL"命令,在打开如图 9-31 所示的对话框中输入 URL 地址,然后单击"确定"按钮。此时需经过一段时间的缓冲,接着即可在播放器中看到、听到媒体信息。如果不知道网上媒体的 URL,用户只需单击网上相应的媒体文件链接,也可以自动启动播放器并开始播放文件内容。

图 9-31　"打开 URL"对话框

（2）正在播放功能

当 Windows Media Player 11 切换到"正在播放"分类视图时,默认的选项会与早期版本有些不同。单击"正在播放"下方的小箭头,选择"显示增强功能"、"显示列表窗格",这时就会出现音乐列表与图形均衡器,如图 9-32 所示。

在欣赏歌曲时,Windows Media Player 11 会自动搜索歌曲信息,并且能够根据歌曲信息下载专辑的图片。用户还可以直接通过播放器中的快捷通道在线购买专辑,这些功能非常实用。

（3）媒体库

在媒体库中会列出所播放过的专辑名称以及专辑信息，双击专辑名称或图片就可以进入专辑并选择歌曲进行播放。如果将所有常听的歌曲放进媒体库中，以后可以直接从这里调用想要听的歌曲。媒体库中的专辑支持自动下载专辑图片，使用户更容易辨认。

（4）同步功能

用户可以将 U 盘、移动硬盘、PDA、MP3 等硬件设备连接到电脑，然后使用同步功能进行音频文件的传送。当同步功能所支持的硬件设备连接电脑后，在 Windows Media Player 11 就会自动搜索到，并显示剩余容量，如图 9-33 所示。用户在唱片集中选择好歌曲后，只需单击"开始同步"即可同步复制到外接硬件设备当中。

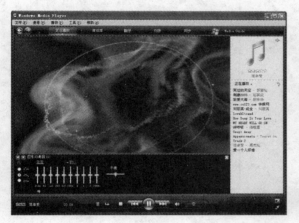

图 9-32　音乐列表与图形均衡器　　　　　　　图 9-33　同步功能

（5）更改外观

用户在欣赏 MP3 时，为了减少资源的占用，可以将 Windows Media Player 11 缩小至音频播放模式。移动鼠标至界面的右下角，出现缩放箭头时，托拽鼠标直至窗口缩小到最简化。如图 9-34 所示的界面既减少了占用的内存资源，也不影响用户的正常使用。当

图 9-34　音频播放模式

用户添加播放列表后，在此精简界面模式下，切换歌曲时，直接可以单击其中的"上一首"、"下一首"图标，并可以随时选择静音与调整音量。

此外 Windows Media Player 11 具有"完整模式"和"外观模式"两种播放样式，在"完整模式"下单击"切换到外观模式"按钮，可是播放器外形变为图 9-35 所示的样式，显得更为简洁。在"外观模式"下单击窗口中的按钮，可返回"完整模式"。

如果想改变播放窗口的大小，可以用鼠标拖动窗口的四角改变大小。也可以单击"查看"菜单中的"全屏"，即可隐藏菜单栏、播放进度条等所有对象，使画面充满整个屏幕。处于全屏播放时，可按＜Esc＞键返回原来的窗口。

3. 设置 Windows Media Player

用户可以根据自己的喜好配置 Windows Media Player。例如，可以指定在计算机上存储

数字媒体文件的位置,添加或删除插件,设置隐私和安全选项,或者选择从 CD 翻录(或同步到便携设备)的音频文件的声音质量。

如果播放器处于完整模式,可在"工具"菜单上单击"选项",打开如图 9-36 所示的对话框。再单击所需的选项卡,然后根据需要更改设置。例如单击"隐私"选项卡,用户可更改计算机上影响媒体信息存储及检索的设置。此外,还可以选择是否允许网站标识播放器以及在计算机上存储 cookie。

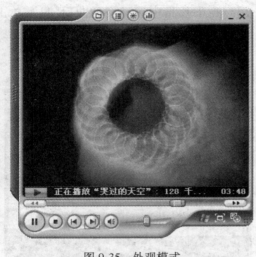

图 9-35　外观模式

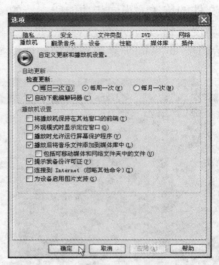

图 9-36　"选项"对话框

9.3　音频播放软件——Foobar 2000

Foobar 2000 是一个 Windows 平台下的高级音频播放器。包含了一些播放增益支持、低内存占用等基本特色以及内置支持一些流行的音频格式。它以音质更好、支持格式更多、更加专业,但体积与资源占用量却更小的优势成为音频播放器中的佼佼者。本节将以 Foobar 2000v0.9.4 汉化增强版为例介绍其安装、使用和设置方法。

9.3.1　Foobar 2000 的安装和启动

双击从网上下载的安装程序"fb2k_094b61009.exe",启动安装程序。首先会出现要求用户选择语言的对话框,选择"简体中文",单击"OK",启动安装向导。单击"下一步"按钮,在显示的许可协议对话框中选择同意接受,则会打开选择安装位置对话框。单击"下一步"按钮,在出现的"选择安装类型"对话框中看到有几种安装类型可供选择,如图 9-37 所示。一般用户如无特殊要求可选默认的"常规"类型,单击"下一步"按

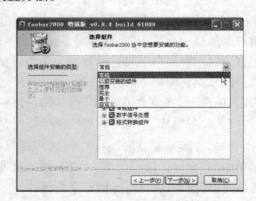

图 9-37　"选择安装类型"对话框

钮。用户根据自己的需要选择后单击"下一步"按钮,在如图 9-38 所示的对话框中选择界面,单击"下一步"按钮,最后出现提示软件安装完成的对话框,单击"完成"即可启动程序,程序界面如图 9-39 所示,可以看到 Foobar 2000 的界面非常简洁朴素。

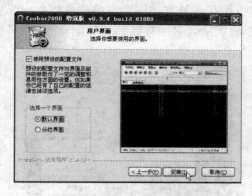

图 9-38 选择界面对话框

图 9-39 Foobar 播放界面

9.3.2 Foobar 2000 的基本功能

Foobar 2000 是一个基于 Windows 平台的优秀音频播放器,基本的特征包括:重复播放、低缓存脚本、多音频格式文件。程序体积非常小巧,资源消费很小,界面朴素,没有 Skin 和其他多余的东西。

1.播放音频文件

Foobar 2000 的音频处理功能非常丰富,播放音频文件是其最基本的功能。单击"文件"菜单中的"打开"命令,在打开的对话框中选择希望播放的音频文件,播放器即开始播放,如图 9-39 所示,正在播放的文件会在播放列表中列出。播放列表中的歌曲很多,有时用户希望能够循环播放其中一个,此时只要双击该歌曲,然后单击工具栏上的"次序"下拉列表框,如图 9-40 所示,从中选择"重复(歌曲)"即可。如果选择"重复(播放列表)"则会重复播放该列表中的所有歌曲。

图 9-40 重复播放文件

2.播放列表

使用 Foobar 2000 播放音乐时,经常要用到列表文件。列表文件有很多非常有用的应用,如定时播放、删除历史记录等。

(1)创建新列表

为满足用户在不同时间对不同音乐的需求,可根据需要创建各种个性播放列表。单击"文件"菜单中的"新建播放列表",即创建了一个新的播放列表。然后单击"文件"菜单的"添加文件",在打开的对话框中选择歌曲,双击其中的歌曲即可开始播放新列表中的歌曲。此外,在列表上单击鼠标右键,在弹出的快捷菜单中选择"重命名"可修改播放列表名称。例如本例将新的列表命名为"中文",如图 9-41 所示。

（2）列表操作

单击主窗口中的"编辑"菜单,会发现"排序"、"搜索"、"移除无效项"和"移除重复项"等功能,用户可以通过这些选项管理播放列表文件。其中"排序"可以按艺术家、专辑、标题、路径、序号等对列表进行排序,如图 9-42 所示,这样就可以把某些具有相同特点的歌曲放在一起播放。"移除无效项"会把在列表中但已经不在硬盘上的项从列表中删除掉,"移除重复项"可以把列表中重复歌曲删除掉。

图 9-41　创建并命名新播放列表

图 9-42　"排序"选项

（3）打开/保存/转换播放列表

单击"文件"菜单中的"保存播放列表",可以把当前列表保存起来,默认情况下为 fpl 文件,也可以从"保存类型"下拉列表框中选择,保存为 m3u 文件,并供 Winamp 或其他播放软件播放。而选择"文件"菜单的"读取播放列表"也可以读入列表文件到列表中。

（4）改变播放列表

如果希望将某歌曲放到其他播放列表中,则选择该歌曲,单击鼠标右键,在快捷菜单中执行"工具"中的"发送到播放列表"命令,弹出如图 9-43 所示的对话框,单击下拉列表框,选择相应列表即可把该歌曲发送到该列表中。如果输入新的名称,则会新建一个列表,并包含发送歌曲。

3．文件格式转换

如果歌曲不是 MP3 格式或 WMA 格式,可以利用 Foobar 2000 的转换功能将其转换为 MP3 或 WMA 格式。先将歌曲文件添加到播放列表中,然后选中这些文件,单击鼠标右键,选择"转换→转换到",打开如图 9-44 所示的对话框,单击"确定"按钮即可完成转换。

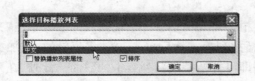

图 9-43　"选择目标播放列表"对话框

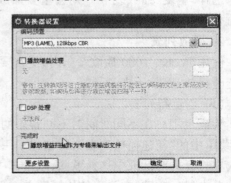

图 9-44　转换对话框

4．歌曲合并

如果想将某些歌曲合并为一首歌，无需第三方软件，只需将这些文件添加到播放列表中，用鼠标拖放它们调好前后顺序。然后选中它们，单击鼠标右键，在如图 9-45 所示的快捷菜单中选择"转换→转换到单个文件"即可将选中歌曲转换为一个歌曲文件。

5．播放增益

每一张不同的 CD 在录制时，音量选择都会不同，即使同一张专集，为了增强音乐的情感表现，音量也会有所不同，那么压缩出来的 MP3 音量就更相互不同。回放增益能够自动的计算该音乐文件(专辑)平均强度和标准强度之间的

图 9-45　歌曲合并

差值，并且保存这些增益信息，提供给播放器自动调整音量使用。

首先选中希望计算增益的歌曲，单击鼠标右键，在如图 9-46 所示的快捷菜单中选择"播放增益→扫描每个文件"，这样就会自动为每一首音乐计算出增益大小、音量峰值。用户还可以根据歌曲所在专辑的不同，选择"作为单个专辑扫描"或"作为专辑扫描(按标签)"命令，通过扫描计算专辑的增益大小、和音量封值。

6．显示歌词

通过安装插件，Foobar 2000 还可以在播放歌曲的同时显示歌词。从网上下载显示歌词插件"minilrc"，安装时要选择其支持的 Foobar 2000 版本为 0.9 系列。安装后启动 Foobar 2000，播放歌曲时会弹出显示歌词的窗口，如图 9-47 所示。

图 9-46　播放增益

图 9-47　显示歌词

9.3.3　Foobar 2000 的参数设置

Foobar 2000 是一个非常注重技术的播放软件。如果对它做一些合理的设置，就可以在播放音乐的时候得到更好的播放效果。

1. DSP 设置

DSP(数字音频处理),即利用数字处理技术,对音乐进行一些特殊处理以产生出特殊效果。单击"文件"菜单中的"参数设置",在打开的对话框中单击"DSP 管理器",可以看到如图 9-48 所示的 DSP 管理器界面。在该界面中可以选择需要使用的 DSP 处理效果。需要说明的是,增加 DSP 处理插件,会占用系统资源,如果不是非常必要,应当尽量减少 DSP 插件的数量。

图 9-48　DSP 管理器

2. 输出设置

在"参数设置"对话框中单击"输出",打开如图 9-49 所示的"输出"面板。在"输出数据格式"下拉列表框中选择一个合适的数据输出格式。这需要根据计算机的声卡来设置,一般选择 16 bit 即可,如果声卡是 32 bit 或者 24 bit 的极品卡的话,则可选择 32 bit。下面的"高频振动"选项用来设置是否采用抖动,这个选项只有在播放高位音乐(如 32 bit)且采用低位(24 bit)输出时才有作用。采用"高频振动",即使将 32 bit 音乐输出到 16 bit 位的声卡,效果也有不少提升,建议打开该选项。

3. 外观设置

如果感觉 Foobar 2000 的外观过于朴素且缺少时尚感,则可以根据自己的喜好来重新设置 Foobar 2000 的外观,其播放列表的颜色、字体等均可按照自己的要求调整。单击"参数设置"对话框中的"默认用户界面",在打开如图 9-50 所示的对话框中重新设置字体、字号、文本颜色、背景颜色等,单击"全部保存",重新启动 Foobar 2000,设置即可生效。

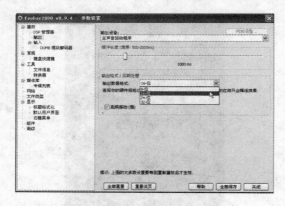

图 9-49　输出设置

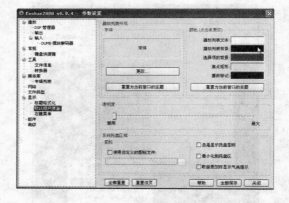

图 9-50　重新设置界面

9.4　全能多媒体播放器——JetAudio

JetAudio 是一款功能极强的多媒体播放器,它能够在未安装 Windows Media Player 和 RealPlayer 的系统中直接播放 WMV、ASF 以及 RM 和 RMVB 格式的多媒体文件,是目前独立支持媒体格式最多的媒体播放器。本节将以 JetAudio 6.2.6 版本为例介绍其安装、使用和设置方法。

9.4.1 JetAudio 6.2.6 的安装和启动

双击安装程序"JAD6_BASIC.exe",启动安装程序向导。单击"Next"按钮,在如图 9-51 所示的许可协议对话框中选择"I accept the terms of the license agreement",接受安装许可协议。单击"Next"按钮,打开选择安装位置的对话框。选择合适的安装位置后单击"Next"按钮,在如图 9-52 所示的"Setup Type(安装类型)"对话框中可选择将 JetAudio 作为哪些媒体格式的默认播放器。单击"Next"按钮,选择创建桌面快捷方式和快速启动。用户根据自己的需要选择后,单击"Next"按钮,开始安装程序,安装过程如图 9-53 所示。最后出现提示程序安装完成的对话框,单击"Finish",安装过程结束。

图 9-51　接受安装协议对话框　　　　　　　　图 9-52　选择界面对话框

需要中文版的用户可从网上下载汉化包,直接安装到 JetAudio 目录下即可。双击桌面 JetAudio 快捷图标,启动程序,JetAudio 的主界面如图 9-54 所示。JetAudio 界面模仿了家用 DVD 机的面板设计,这也成为其最显著的标志。

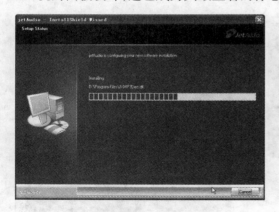

图 9-53　程序正在安装

图 9-54　JetAudio 主界面

9.4.2 JetAudio 的基本功能

JetAudio 小巧实用,功能丰富。几乎所有的操作都可以在主界面中完成,用户易于上手。

1．播放媒体文件

JetAudio 能够播放包括 OGG、MPC 以及 APE 等格式在内的几乎所有的音频格式，对 WMV、ASF、RM 及 RMVB 等视频格式都提供支持，在光盘播放方面，它完全支持 DVD 播放。JetAudio 主界面下方有一排控制按钮，将鼠标指针指向其中任何一个按钮，就会出现操作提示，引导用户完成操作。

单击控制按钮，在打开的对话框中选择希望播放的媒体文件即可开始播放。播放音频文件时，JetAudio 会在主界面中显示类似液晶的光谱画面，如图 9-55 所示。这个光谱画面还可以独立显示，如图 9-56 所示。在主界面的光谱画面中单击右键，在弹出的快捷菜单中选择"Sound/Visualization(声音/可视化)"中的"Show External Spectrum Window(显示外部光谱窗口)"选项即可。

图 9-55　光谱画面

图 9-56　独立显示光谱画面

JetAudio 将很多不是很常用的功能都做成抽拉式窗口，不用时隐藏起来。在主界面的右方和下方均有一个箭头，单击即可打开功能窗口，如图 9-57 所示。

JetAudio 具有强大的音质调节功能，具备宽广、回声、低音等声音效果模式，并具备摇滚、流行、爵士等均衡器调节模式，而各种音频均衡方案则可在主面板中直接选择，也可以自定义均衡器设置。

JetAudio 默认提供对歌词的支持。在默认设置下，如果在歌曲的同目录下存在和歌曲同名的歌词文件(.txt 文件)，就会自动显示歌词查看器，如图 9-58 所示。除中文歌词外，JetAudio 还提供英文、韩文歌词显示。

图 9-57　显示隐藏功能

图 9-58　歌词查看器

2．换肤功能

JetAudio 具有皮肤更换功能。在 JetAudio 的主界面上单击"Skin(皮肤)"，打开面板选择对话框,如图 9-59 所示。在默认状态下,JetAudio 提供三种面板供用户选择。除了默认的基本界面外,另外两款界面如图 9-60、图 9-61 所示。

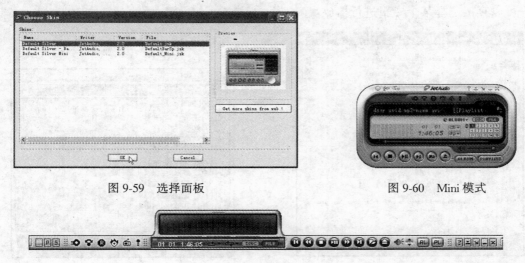

图 9-59　选择面板　　　　　　　　　　　　　　图 9-60　Mini 模式

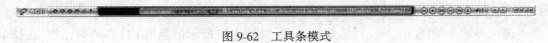

图 9-61　Bar 模式

除默认的三款界面之外,还可从其官方网站上下载更多的皮肤。JetAudio 还提供"工具条模式"的显示模式,如图 9-62 所示。在工具条模式下,JetAudio 缩小为一条工具条,这样就可以节省宝贵的桌面空间。

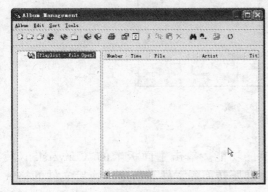

图 9-62　工具条模式

3. 文件管理

JetAudio 的文件管理是以"专辑"为基础的。单击主面板上的"ALBUM(专辑)",打开"Aalbum Management(专辑管理)"对话框,如图 9-63 所示。在默认状态下,专辑管理对话框中没有内容。单击"Album(文件)"菜单中的"New Album(新专辑)",如图 9-64 所示。在如图 9-65 所示的"Add/Edit Album Information(添加/编辑专辑信息)"对话框中,填入专辑的名称和艺术家等相关信息,单击"Link(连接)",把该专辑同某个音乐文件夹相关联。然后单击"OK"按钮,JetAudio 就会自动地把该文件下的所有媒体文件都添加到该专辑中。

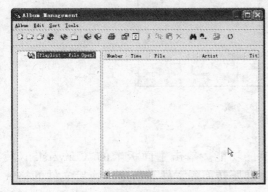

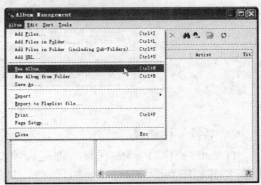

图 9-63　专辑管理对话框　　　　　　　　　　　图 9-64　新建专辑菜单

JetAudio 中的专辑相当于 Foobar 2000 中的播放列表,创建专辑即等于创建播放列表。需要播放专辑时,单击主面板中的"PLAYLIST(列表)",打开播放列表对话框,如图 9-66 所示。用户可以直接选择某个专辑进行播放。

图 9-65　添加/编辑专辑信息

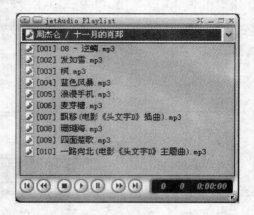

图 9-66　播放列表对话框

4．其他功能

除了多媒体播放功能外,JetAudio 还提供了音频录制、转换、直播功能,使其成为一个完善的音乐管理平台。

（1）抓取 CD 音轨

单击主界面上的"Rip CD(CD 抓规)",打开如图 9-67 所示的抓取 CD 音轨对话框,在抓取 CD 音轨时候还要选择保存的格式。

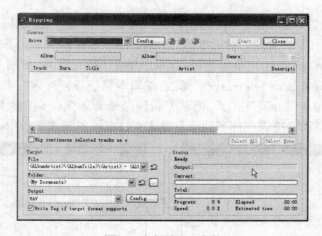

图 9-67　抓取 CD 音轨

（2）转换媒体格式

JetAudio 提供对音频/视频文件进行格式转换的功能。单击主面板上的"Conversion(转换)",打开如图 9-68 所示的转换对话框。只需要添加要转换的文件和指定转换后文件的格式及存放的位置即可。

（3）录制声音

单击主面板上的"Recording（录音）"，打开如图9-69所示的"Recording（录音）"对话框。在该对话框中不仅可以对录制的声音选择保存格式，还可以对录制进行音频均衡处理。

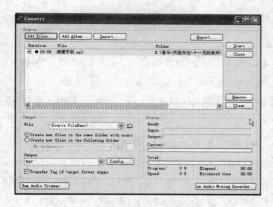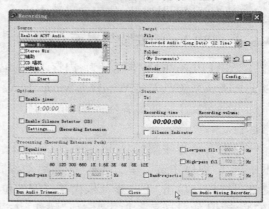

图 9-68　转换对话框　　　　　　　　　　　　图 9-69　录音对话框

9.4.3　JetAudio 的参数设置

JetAudio 的参数设置项目非常多，单击主界面左上角的"Preferences（参数）"，打开如图9-70所示的参数设置对话框。在该对话框中可针对 JetAudio 的常规、声音、文件等方面进行设置。因其设置方法同其他播放器基本相同，此处不再赘述。

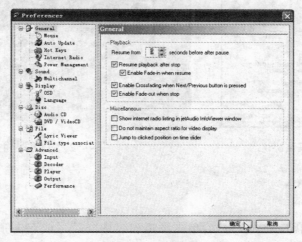

图 9-70　参数设置

JetAudio 作为一个老牌播放器，拥有完善的格式支持、具有声音增强效果以及精美的界面，功能强大，操作方便，是目前多媒体播放器中的佼佼者。

9.5　视频直播共享软件——PPLive

PPLive 是一款采用 P2P 下载技术的用于互联网上大规模视频直播的软件。该软件最大的优势就是可以提高网络用户的网络利用率，由于多个节点互相连接，用户所在的网络带宽将得到最大程度的使用。它符合普通 Windows 用户的操作习惯,体积小巧,对系统的配置要求较低。PPLive 采用微软的视频播放编解码方案,支持 WMV 和 REAL 格式的流媒体播放器。用户可登录"PPLive"官方网站 www.PPLive.com 免费下载最新版本。本例以客户端"PPLive 1.3.20"为例说明其安装、使用和设置方法。

9.5.1 PPLive 的安装与界面介绍

安装 PPLive 的基本配置为:内存 128 MB 以上,宽带网络 512 kbit/s 以上(推荐 1 Mbit/s 以上),确认系统已安装 Windows Media Player 9 和 realplayer 10 及以上版本播放器。并要求系统不要安装江民防黑客防火墙、东方卫士、上网助手等限制流量的软件以保证 PPLive 的正常运行。

双击安装程序图标"pplivesetup(1.3.20).exe",启动安装程序。在提示选择安装语言对话框中选择"简体中文",单击"OK"按钮启动程序安装向导。在图 9-71 所示的对话框中,选择接受许可协议。单击"下一步",依次选择安装位置和开始菜单。程序安装完毕,会弹出提示用户"安装完成"的对话框。单击"完成"按钮,安装过程结束,自动运行程序,启动 PPLive 1.3.20 主界面,如图 9-72 所示。

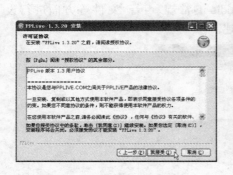

图 9-71 接受安装协议

图 9-72 "PPLive"主界面

9.5.2 使用 PPLive

1. 播放节目

在程序主界面中单击"播放",然后单击频道列表中"+"号或双击频道分组,展开频道列表。双击所选的节目即可进行播放,如图 9-73 所示。或者右键单击所选节目,在弹出的快捷菜单中选择"播放"也可实现。

如果需要播放本机的媒体资源,可以执行"文件"菜单中的"打开"命令,在打开的对话框中选择播放文件,然后单击"确定"按钮。如果需要播放 Internet 上的媒体资源,则可以执行"文件"菜单中的"打开 URL"命令,在弹出的对话框中输入 URL 地址,单击"确定"按钮。经过一段时间的缓冲,即可开始播放节目。

2. 多路播放

PPLive 还可同时播放多路电视节目。执行"控制"菜单中的"设置"命令,在打开的设置界面中单击"其他"选项,去掉"只允许运行一个 PPLive 实例"前面的"√",如图 9-74 所示。然后多次运行 PPLive,按上述方法选择节目后,即可打开多路电视节目,多路播放界面如图 9-75 所示。在播放节目时,单击播放界面上的全屏按钮□,即可全屏播放节目。处于全屏播放时,按<Esc>键返回原来的窗口。

图 9-73　播放界面

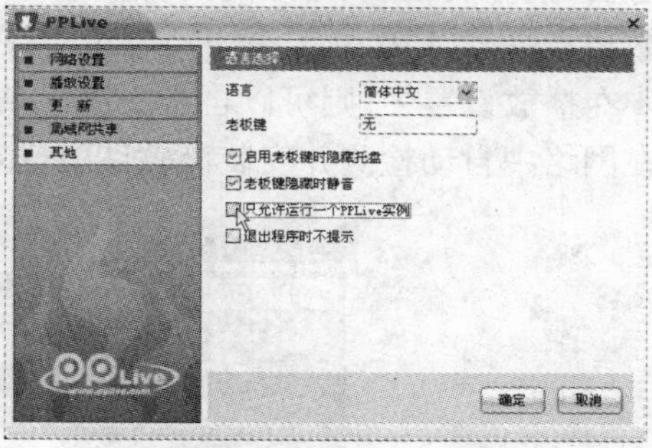

图 9-74　设置界面

3. 收藏节目

如果需要把频道列表中所选节目加入收藏夹,首先在所选节目上单击鼠标右键,在弹出的菜单中选择"加入收藏",如图 9-76 所示,即可把所选节目加入到收藏夹,任务栏则会弹出提示信息,提示您已将该片加入收藏。如果需要将多个频道添加入收藏夹,可以按住<Ctrl>键分别单击要加入的节目,然后在所选节目上单击鼠标右键,在弹出的菜单中选择"加入收藏"即可完成。删除收藏夹中的节目同样可以按住<Ctrl>键,单击选择要删除的频道,单击鼠标右键,在弹出的提示菜单中选择删除收藏即可。

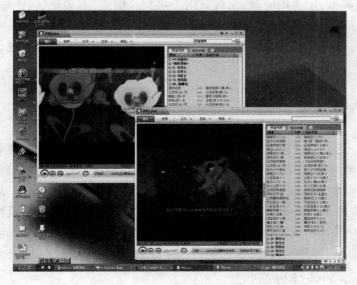

图 9-75　多路节目播放界面

图 9-76　"加入收藏"菜单

9.5.3 PPLive 的基本设置

PPLive 传输是以 TCP/UDP 控制协议为主,并使用了网状模型,有效地解决带宽和负载问题的一款网络视频直播共享软件。一般在默认的参数设置下即可流畅地收看网络电视。但也可以通过修改参数自定义各项设置。在程序主界面上单击"控制"菜单中的"设置",弹出如图 9-77 所示的参数设置对话框。用户可以自定义 PPLive 所使用的网络连接 UDP、TCP 端口号、选择网络类型、设定最大同时发出网络连接个数及每个频道最大连接个数,以实现最佳播放效果。另外,PPLive 还提供了 UPNP 映射功能,为内网用户收看网络电视提供了更好的保障。在播放设置中,则可以自定义播放 ASF 和 RM 文件的播放器。另外,还可以通过更新设置在网络中自动检测并安装该软件的最新版本。

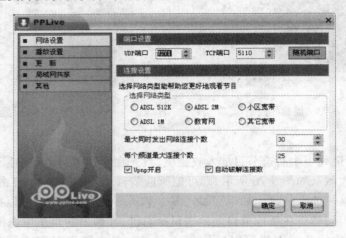

图 9-77 参数设置对话框

PPLive 运行时只占用用户的带宽,不占用硬盘,而且只用于视频直播流,不会复制、传输、修改用户电脑的文件,所以不会对用户的硬盘造成危害,也不会威胁到用户的安全。因此,在目前同类网络电视软件中,PPLive 处于领先的地位,在视频播放质量、播放流畅度上都超过了同类其他软件。

9.6 视频制作工具——Windows Movie Maker

Windows Movie Maker 是 Windows XP 自带的一个视频编辑软件,它具备简便易用的视频编辑功能,通过简单的拖放操作,画面筛选,添加效果、音乐或旁白,就可以在电脑上创建、编辑并制作电影。并可以把处理后的电影文件自动刻录到 DVD 光盘上,建立标题和内容信息、划分影片章节、完成镜头切割与场景检测。该软件上手容易,操作简单,与同类软件相比独具特色。本书中版本为 Windows Movie Maker 2.1。本节以 Windows XP 环境为例介绍 Windows Movie Maker 2.1 的使用方法。

9.6.1 Windows Movie Maker 的软件界面

执行"开始→所有程序→Windows Movie Maker"命令,启动程序,程序界面如图 9-78 所示。用户界面包含三个主要区域:菜单栏和工具栏、窗格以及情节提要/时间线。其中窗格从左到右依次包括电影任务窗格、待编辑窗格和预览窗格。为使 Windows Movie Maker 能够根据用户需求执行捕获视频、编辑视频、完成电影等一系列电影任务,要求运行该软件所需的基本配置为:600 MHz 处理器、128 MB 内存、2 GB 可用磁盘空间。

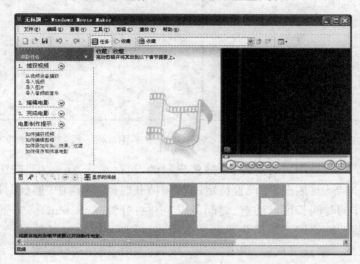

图 9-78 Windows Movie Maker 界面

9.6.2 Windows Movie Maker 功能介绍

1. 捕获视频

捕获视频是指从 DV 摄像机或现有的媒体文件(视频、图片、音频)中将视频信息添加到当前任务中。可以通过 Windows Movie Maker 捕获 DV 摄像机中的视频文件,以及导入原有视频文件。

(1) 捕获 DV 摄像机中的视频

首先将 DV 摄像机与计算机上的 IEEE 1394 接口连接,执行"文件"菜单中的"捕获视频"命令,或在"电影任务"窗格中的"捕获视频"下,单击"从视频设备捕获"。如果计算机中还安装了视频卡或者其他视频捕获设备,可单击"更改设备"来选择 DV 捕获设备进行录制。在打开的"视频捕获设备"对话框的"可用设备"中,确认该 DV 摄像机并设置视频的文件名及存储路径。

在"视频设置"对话框中,对用来捕获视频和音频的视频进行设置。在"捕获方法"对话框中,单击"自动捕获整个磁带"即可完成捕获。如选中"完成向导后创建剪辑"复选框,可将视频拆分为较小的剪辑,方便以后的编辑。

如果需要捕获实时视频,首先确定视频捕获设备与计算机正确连接,执行"文件"菜单中的"捕获视频"命令。在"视频捕获设备"对话框中进行以下操作:在"可用设备"中,单击用来捕获视频的模拟设备(如本例的 Video Capture 摄像头),然后在"视频输入源"列表中,单击要使用的输入线路,如图 9-79 所示。单击"下一步"按钮。

在出现的图 9-80 所示的"捕获的视频文件"对话框中,选择所捕获文件的文件名及保存位置,单击"下一步"按钮。

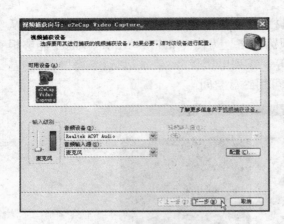
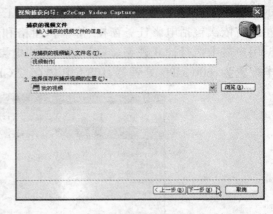

图 9-79 视频捕获向导　　　　　　　　　　　图 9-80 "捕获的视频文件"对话框

在"视频设置"对话框中,选择要用于捕获视频的设置,单击"下一步"按钮,出现如图 9-81 所示的"视频捕获向导"对话框,要设置特定的视频捕获时间,可选中"捕获时间限制"复选框,然后选择捕获操作的时间长度。注意,时间是以"小时:分钟"(hh:mm)格式显示的。

单击"开始捕获"按钮即开始捕获视频。在捕获过程中,用户可以随时单击"停止捕获"按钮,以停止捕获视频。捕获完成后,单击"完成"按钮,关闭"视频捕获向导"对话框。

(2) 导入现有的视频文件

如果希望导入计算机中已有的视频文件,可在"电影任务"窗格中的"捕获视频"下,单击"导入视频"命令,在图 9-82 所示的对话框中选择希望添加到当前任务中的视频文件(可以是多个文件),单击"导入"按钮即可完成导入。

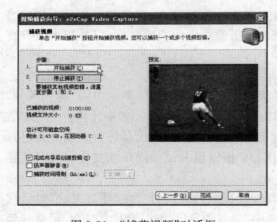

图 9-81 "捕获视频"对话框　　　　　　　　　图 9-82 导入已有视频文件

(3) 导入音频或背景音乐

用户可以使用与导入视频文件相同的方法导入音频文件。执行"电影任务"窗格中的"导入音频或音乐"命令,将所选的音频文件添加到"待编辑剪辑窗格"中,然后将其拖放到时间线视图的"音频/音乐"栏中即可。图 9-83 所示的是将一首 .wma 音乐添加到剪辑中的情况。

用户还可通过音频输入设备自行制作并添加旁白。单击"旁白时间线"按钮，打开图9-84所示的对话框。单击"开始旁白"按钮后,即开始录制。录制完毕后,程序会自动打开保存对话框,将录制的音频信息以用户指定的文件名和位置保存在计算机中。同时将旁白插入到时间线视图中的"音频/音乐"栏中,如图9-85所示。

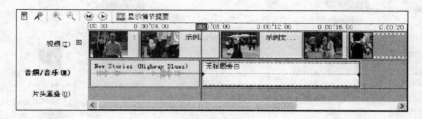

图9-83　添加背景音乐

图9-84　录制旁白

图9-85　添加到剪辑中的旁白

2. 编辑电影

首先将已捕获或导入的视频文件添加到情节提要/时间线窗格中,如图9-86所示。单击"电影任务"窗格"编辑电影"选项右边的按钮⊙,打开编辑电影命令列表。从上至下依次为"查看视频效果"、"查看视频过渡"、"制作片头或片尾"和"制作自动电影"命令。

图9-86　加载到情节提要/时间线窗格中的剪辑片段

（1）添加视频效果

在"电影任务"窗格中的"编辑电影"下,单击"查看视频效果"命令,将会显示一些视频效果图标,如"淡出,变白"、"淡出,变黑"、"淡入,从白变起"、"淡入,从黑变起"等,如图9-87所示。用户可以通过直接将效果拖放到"情节提要/时间线"窗格中的视频剪辑上。

需要删除时,可用鼠标右键单击"情节提要"栏中剪辑片段上的蓝色五角星标记,在弹出的快捷菜单中执行"删除效果"命令。

（2）添加视频过渡

在"电影任务"窗格中的"编辑电影"下,单击"查看视频过渡"命令,将会显示一些用于两个剪辑片段之间过渡的效果,如"擦除,宽向下"、"擦除,宽向右"、"擦除,窄向右"等,如图9-88所示。用户可直接将选择的效果拖放到"情节提要"视图中两个片段之间的矩形区域中。过渡在一段剪辑刚结束,另一段剪辑开始播放时进行播放。需要删除过渡效果时,可用鼠标右键单击两个剪辑片段之间的过渡效果标记,在弹出的快捷菜单中执行"删除效果"命令即可。

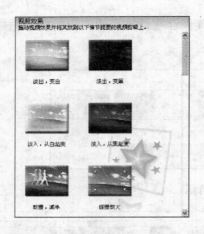

图 9-87　查看视频效果

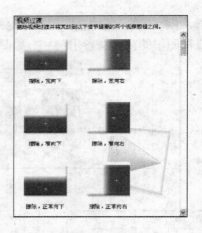

图 9-88　查看视频过渡

（3）制作片头或片尾

制作片头和片尾，可以通过向电影添加各种文本信息来增强其效果。在"电影任务"窗格中的"编辑电影"下，单击"制作片头或片尾"命令，打开图 9-89 所示的片头制作向导。用户可根据提示，添加片头及片尾。

单击"添加片头文本"对话框中的"更改片头动画效果"或"更改文字字体和颜色"将打开图 9-90 和图 9-91 所示的对话框。关于"片头动画效果"及"文字字体和颜色"的设置用户可根据对话框提示操作，本节不再赘述。

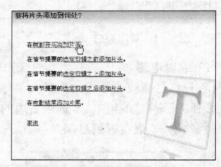

图 9-89　添加片头或片尾向导

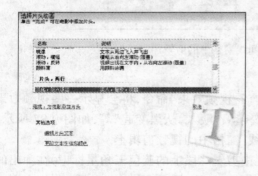

图 9-90　选择片头动画

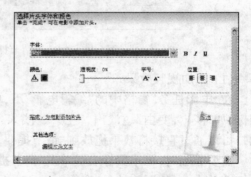

图 9-91　选择片头字体和颜色

设置完毕后，单击"完成，为电影添加片头"命令，将制作好的片头添加到指定位置，用户可以使用前面介绍过的方法为片头或片尾设置视频效果和过渡效果。

（4）制作自动电影

使用"自动电影向导"可以根据所选的剪辑或收藏自动制作电影。自动电影经过分析当前的视频、图片和音乐，根据所选的自动编辑样式将不同元素合并在一起组成电影。操作时可单击"电影任务"窗格中的"编辑电影"命令列表中的"制作自动电影"，打开图 9-92 所示的制作向导。选择合适的编辑样式,并可在其他选项中选择是否添加片头文本,是否添加音频或背景音乐。设置完成后单击"完成,编辑电影"结束编辑。

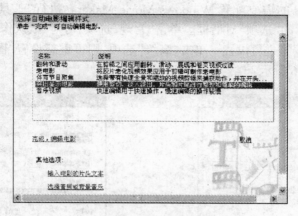

图 9-92　制作自动电影向导对话框

3．保存电影

用户可以使用"保存电影向导"快速将最终电影保存到计算机或可写入的 CD 上。

（1）将电影保存到计算机中

单击"完成电影"任务下的"保存到我的计算机"命令,在图 9-93 所示的对话框中选定文件名称及保存位置后,单击"下一步"按钮。在图 9-94 所示对话框中的"其他设置"下拉列表中选择合适的方案,单击"下一步"按钮,经过一段时间数据处理之后,完成电影的保存。

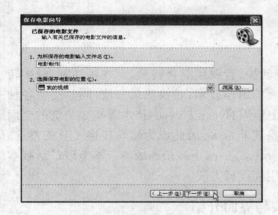

图 9-93　指定文件名及保存位置

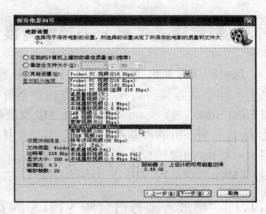

图 9-94　设置视频参数

（2）将电影保存到 CD 中

保存时执行"完成电影"任务下的"保存到 CD"命令。在打开的"为所保存的电影输入文件名"对话框中,键入电影的名称。并在"输入该 CD 的名称"对话框中键入 CD 的名称。

如果使用默认的电影设置,需要单击"可写入的 CD 的最佳质量(推荐)"命令。此时在"设置详细信息"区域中将显示出特定设置的详细资料,如文件类型、比特率、显示大小、纵横比和每秒显示的视频帧数。

9.6.3　Windows Movie Maker 设置

　　用户可以根据自己的需要配置 Windows Movie Maker。执行"工具"菜单中的"选项"命令,打开如图 9-95 所示的"选项"对话框。单击"常规"选项,可对"默认作者"、"临时存储位置"及"自动保存时间间隔"等进行设置。单击"高级"选项,则可重新设置"图片持续时间"、"视频属性"等选项,如图 9-96 所示。

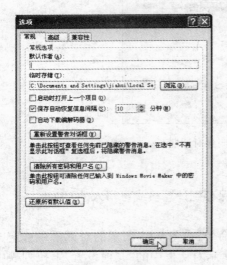

图 9-95　常规选项

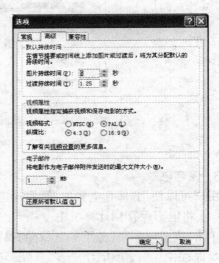

图 9-96　高级选项

9.7　影音转换工具——超级转换秀

　　超级转换秀是集成 CD 抓规、音频转换、视频转换、音视频混合转换、音视频切割/驳接转换于一体的优秀影音转换工具。其内置国际一流的解压技术,转换质量一流,同时支持各种 CPU 的 MMX/3D Now！/SSE/SSE2 以及最新超线程(Hyper-Thread)技术等指令系统的全面优化,拥有更快的转换速度。超级转换秀支持的格式非常多,因此成为影音转换工具的首选。用户可登录"超级转换秀"官方网站 www.powerrsoft.com/cs 下载最新版本。本节以最新版本"超级转换秀白金版 V17.3"为例介绍其安装、使用和设置方法。

9.7.1　"超级转换秀白金版 V17.3"的安装与界面介绍

　　双击下载的安装程序"CSDemo.exe",启动如图 9-97 所示的程序安装向导,单击"下一步"。在"许可协议"对话框中选择接受安装协议,单击"下一步",接下来选择安装位置,并创建开始菜单。根据向导提示,单击"下一步",在出现的对话框中选择附加任务,例如创建桌面快捷方式,快速启动等。单击"下一步",开始安装程序,安装界面如图 9-98 所示。最后,在提示安装完毕的对话框中单击"完成"按钮,安装过程结束。

　　在桌面上双击"超级转换秀"快捷图标,启动该程序,即可看到"超级转换秀"主界面,如图 9-99 所示。

图 9-97　程序安装向导

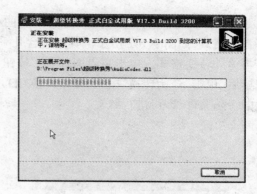

图 9-98　安装界面

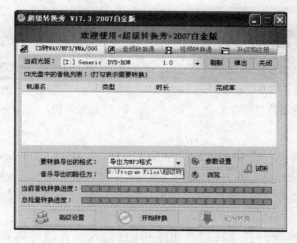

图 9-99　超级转换秀主界面

9.7.2 "超级转换秀"的常用方法

超级转换秀的功能非常全面,包括 CD 抓规、音频转换、视频转换、音视频混合转换等,转换质量也非常高。

1. CD 抓轨转换

超级转换秀的 CD 抓轨转换功能,可实现 CD 转 MP3/WMA/OGG/WAV 等常见格式。将 CD 放入光驱中,加载超级转换秀,打开后首先看到 "CD 转 WAV/MP3/WMA/OGG"功能面板。如图 9-100 所示的界面非常直观,列表中是 CD 轨道的信息,打勾表示转换,默认全部打勾转换。如果有多个光驱,在光驱列表中可以选择用户放置 CD 的光驱让其识别转换。

双击对应的轨道,会启动一个如图 9-101 所示的拥有动感频谱仪的播放面板,开始播放歌曲,供用户预览。

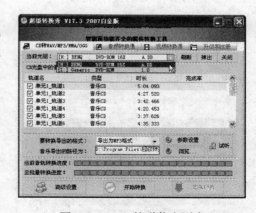

图 9-100　CD 轨道信息列表

从 CD 轨道信息列表中选择好转换的曲目,在"要转换导出的格式"列表中选择导出的数字音乐格式,如图 9-102 所示。其中包含几乎所有常见格式如 WAV/MP3/WMA/OGG 等,无需再另外转换格式。单击主界面"浏览"按钮,选择音乐导出的路径,即音乐保存的位置。设置完毕后,单击"开始转换"按钮,开始转换 CD。转换完毕会自动打开目标文件夹,双击转换格式后的音乐文件,即可进行欣赏。

图 9-101　播放预览当前轨道

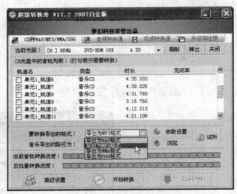

图 9-102　选择转换导出的格式

2. 音频转换

"超级转换秀"支持 WAV、MP3、OGG、WMA、APE、AAC、AC3、RMA 等格式的音频转换,同时支持抓取 AVI、VCD、SVCD、DVD、MPG、ASF、WMV、RM、RMVB、MOV、QT、MP4、3GP、SDP、YUV 等视频文件中的音频并转换,以上所有音频格式可保存为 WAV、MP3、OGG、WMA、APE 等格式。

单击主界面上的"音频转换通",打开如图 9-103 所示的音频转换界面。首先单击"浏览"按钮,选择转换后文件存储的路径。再单击"添加待转换音频"中的"添加一个音频文件",如果有多个音频文件,为节省时间,可将它们全部集中在同一个目录下,然后执行"添加待转换音频"中的"添加目录下的所有音频文件"命令一次全部选定。选择待转换的文件之后,会自动弹出一个转换参数设置窗口,如图 9-104 所示。用户可以设置要转换导出的格式、比特率等,一些主要参数附有详细的提示说明。

图 9-103　音频转换界面

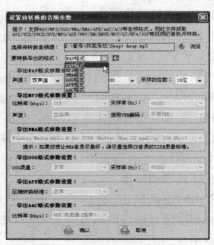

图 9-104　设置音频参数

设置好转换参数后,如果是转换单个音频文件,还会弹出如图 9-105 所示的"截取分割音频"对话框,可以选择全部截取完整的音频,也可以选择截取分割其中的一小段音频。最后,所有要转换的音频文件都选好后,单击"开始转换"按钮开始转换。

3.视频转换

"超级转换秀"可将各主流视频 AVI、VCD、SVCD、DVD、MPG、ASF、WMV、RM、RMVB、MOV、QT、MP4、3GP、SDP、YUV 等转换为 AVI、VCD、SVCD、DVD、MPG、WMV 等格式。

单击主界面上的"视频转换通",打开如图 9-106 所示的视频转换界面。首先单击"浏览"按钮,选择转换后文件存储的路径。然后需要选择待转换的视频文件。单击"添加待转换视频"中的"添加一个视频文件"或"添加目录下的所有视频"。同音频转换过程相似,选择待转换的文件之后,会自动弹出一个转换参数设置窗口,如图 9-107 所示。默认的导出格式为 AVI,用户还可以选择视频缩放模式。设置好转换参数后,会弹出如图 9-108 所示的"截取分割视频"对话框,可以选择全部截取完整的视频,也可以选择截取分割其中的一段视频。

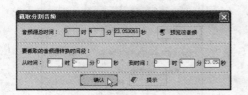

图 9-105 "截取分割音频"对话框

图 9-106 视频转换界面

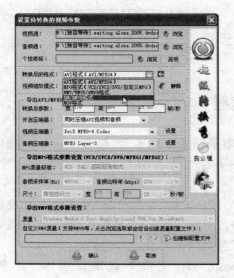

图 9-107 视频转换界面

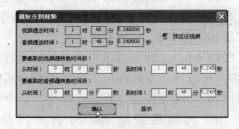

图 9-108 "截取分割视频"对话框

最后,所有要转换的视频文件都选好后,单击"开始转换"按钮开始转换。如果不想等待,还可从"全部转换完毕后"下拉列表框中选择"直接关机"选项即可。

　　4. 其他功能

　　"超级转换秀"支持不同音频文件和视频文件的混合合成转换、切割转换、驳接转换等，并支持批量转换处理。此外，它还具有更多细节功能，比如字幕功能、贴商标功能以及烧录 DVD 视频光盘功能等。用户可以单击"为视频加字幕"按钮，即可为导出的视频文件添加字幕，还可实现用户在最终视频左上角打上自己半透明的个性 LOGO 图片。

9.7.3 "超级转换秀"的设置

　　"超级转换秀"的参数设置非常简单，在"CD 转 WAV/MP3/WMA/OGG"界面上，单击"参数设置"按钮，打开如图 9-109 所示的参数设置对话框。用户可设置具体的格式参数，包括质量、比特率、是否 CBR 或 VBR 等。比如单击"主要设置"选项，用户可以拖动比特率滑块或质量滑块，质量或比特率越高，效果越好，当然文件体积也相应会增大。

　　如果用户的 CD 碟片有磨损，可在"CD 转 WAV/MP3/WMA/OGG"界面上单击"高级设置"，打开如图 9-110 所示的"CD 转换选项"对话框。其中有很多纠错方案供用户选择，纠错性能也较强。

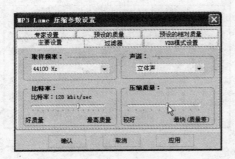

图 9-109　参数设置对话框

9-110　"CD 转换选项"对话框

　　如果是音频转换或视频转换，则在转换过程中会自动弹出设置参数的对话框。前面已有详细介绍，此处不再赘述。

9.8　电子杂志阅览器——ZCOM 阅读器

　　ZCOM 杂志阅读器是国内最大最专业的免费电子杂志下载平台，包含了音乐、电影、娱乐、时尚、游戏、汽车、旅游、体育等上千本杂志，其中更有"电影世界"、"瑞丽"、"时尚"、"汽车族"等知名品牌杂志，所有内容完全免费。

　　ZCOM 杂志阅读器采用目前国际流行的第三代 P2P 架构，是最可靠、最安全并且最易用的客户端软件。本软件可实现文件断点续传以及分段下载，并完全突破防火墙阻隔，其强大的文件校验功能为传输过程的完整性与安全性提供了强大的保障。

　　用户可直接登录 ZCOM 官方网站 www.zcom.com 免费下载最新版本。本例以 ZCOMv3.5 为例介绍其安装、阅读杂志和设置参数的方法。

9.8.1　Zcom 阅读器的安装

双击下载的安装程序"zcom.lite＿35.exe"，启动程序安装向导，单击"下一步"。在"许可协议"对话框中选择接受安装协议，单击"下一步"，选择安装组件。在如图 9-111 所示的对话框中选择安装目录和杂志存放目录，单击"下一步"，开始安装程序。最后，在提示安装完毕的对话框中单击"完成"按钮，安装过程结束。

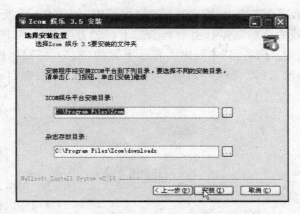

图 9-111　选择安装目录和杂志存放目录

9.8.2　使用 Zcom 阅读器阅读电子杂志

在桌面上双击"超级转换秀"快捷图标，即可打开 ZCOM 网站"我的书柜"页面，如图 9-112 所示。首先选择需要下载的杂志，单击杂志介绍右边的"下载"按钮，如图 9-113 所示。

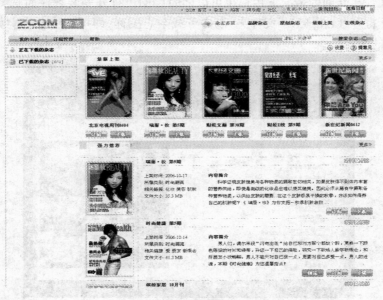

图 9-112　"我的书柜"页面

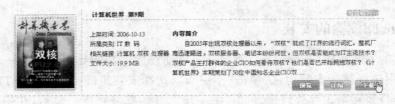

图 9-113　选择并下载杂志

　　屏幕右下角的指示区会弹出杂志正在下载的提示框,如图 9-114 所示。此时,单击"我的书柜"页面上"正在下载的杂志"选项,可看到杂志下载的进度情况,如图 9-115 所示。下载完毕后,单击"已下载的杂志"选项,其中列出所有已下载的杂志。将鼠标指针指向某杂志,会出现三种操作的提示:阅读、订阅、删除,如图 9-116 所示,用户可根据自己的需要选择具体的操作。

图 9-114　提示杂志正在下载　　　　图 9-115　正在下载的杂志　　　　图 9-116　选择操作

　　杂志下载后,在断网的情况下用户也可以随时翻阅。打开安装程序时选择存放杂志的目录,在该目录下打开"Completes"文件夹,双击下载杂志图标,即可阅读杂志。如图 9-117 所示为阅读下载后的杂志。

图 9-117　阅读杂志

如果用户对某杂志感兴趣,可利用 ZCOM 的"订阅"功能,定期下载该杂志。单击"订阅管理"选项,在页面选中某本杂志,单击"订阅"按钮,即可订阅该杂志。这时"订阅"按钮变为"退订",如想取消该杂志的订阅,再次单击"退订"按钮即可。

9.8.3 Zcom 阅读器的设置

在"我的书柜"页面上单击"设置"按钮,打开"设置"页面,如图 9-118 所示。其中有三类设置分别为"常规设置"、"下载设置"和"连接设置"。单击"常规设置"选项,在此可进行杂志存放时间、存放目录的设置等。单击"下载设置"选项,打开如图 9-119 所示的页面,拖动滑块可设置同时下载杂志的个数以及全局下载速度。单击"连接设置"选项,可进行网络连接设置。该选项只针对使用代理服务器连接 Internet 的用户,一般用户不应修改默认设置。

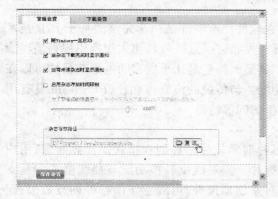

图 9-118　常规设置

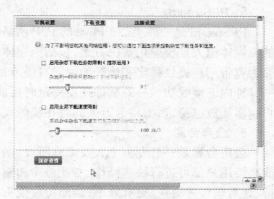

图 9-119　下载设置

9.9　其他相关工具软件介绍

除以上介绍的几种软件,还有许多计算机媒体工具软件。其中包括视频播放软件——豪杰超级解霸 10、MP3 经典播放器 Winamp、音乐播放器新秀千千静听、最新视频格式 PMP 播放器、网络电视播放软件 PPStream、专业影片剪辑制作软件会声会影、音视频文件格式转换软件——全能音频转换通和电子杂志阅读器 IMook 等。

1．豪杰超级解霸 10

豪杰超级解霸是开发较早的一款视频/音频播放软件,用户较多。最新版本"豪杰超级解霸 10"集以往各版本之长,凭借独创的网络即时下载播放技术,支持多种常用 BT 种子文件播放;通过对播放界面、音视频播放器合并,使超级解霸从此结束已往版本视频、音频播放界面分离的历史。它还支持多种文件格式和光盘模式,功能更强大,播放更稳定。目前仍是许多用户的首选。

2．Winamp 5.3

Winamp 是 Windows 平台上一个非常著名的高保真音乐播放软件,支持多种音频格式。可以定制界面 skins,支持增强音频视觉和音频效果的 Plug-ins。Winamp 是一款经典的音频播放软件,至今仍是 MP3 的最佳播放工具。

3．千千静听 4.6.8

千千静听是一款完全免费的音乐播放软件，集播放、音效、转换、歌词等众多功能于一身。它支持众多音频输出，可自由转换 MP3、WMA 等多种音频格式。在播放歌曲时，可自动下载并同步显示歌词。该软件体积小、运行快、支持众多插件，绝大多数的 Winamp 插件都可以正常使用在千千静听中。且界面美观，操作简单，功能强大。

4．PMP 播放器

PMP 全称 PSP Media Player，是一个免费的、源码开放的 PSP 媒体播放软件。PMP 格式打破了 SONY 针对 PSP 视频播放的分辨率限制，可以播放 480×272 分辨率的视频，所以视频的清晰度比 MP4 和 AVC 提高很多倍，已经接近 UMD VIDEO 的清晰度，而且制作并不复杂，已逐渐取代 MP4 而成为现在最流行的视频格式。

5．PPStream

PPStream 是一款类似 PPlive 的 P2P 网络电视软件。该软件是一套完整的基于 P2P 技术的流媒体超大规模应用解决方案，包括流媒体编码、发布、广播、播放和超大规模用户直播。能够为宽带用户提供稳定和流畅的视频直播节目。其最大特色是几乎所有的电视节目均可以在一分钟内连接成功。另外软件还支持定时播放功能。与传统的流媒体相比，PPStream 具有用户越多播放越稳定，支持数万人同时在线的大规模访问等特点。

6．会声会影

会声会影是一套专为个人及家庭所设计的影片剪辑软件。首创双模式操作界面，新用户或高级用户都可进行快速操作、专业剪辑和输出影片。其对成批转换功能与捕获格式完整支持，让剪辑影片更快、更有效率；画面特写镜头与对象创意覆叠，可随意作出各种创意效果；配乐大师与杜比 AC3 支持，让影片配乐更精准、更立体；同时还有 128 组影片转场、37 组视频滤镜、76 种标题动画等丰富效果，让影片更为精彩。

7．全能音频转换通

全能音频转换通是一款音视频文件格式转换软件。它支持目前所有流行的媒体文件格式（MP3/MP2/OGG/APE/WAV/WMA/AVI/RM/RMVB/ASF/MPEG/DAT），并能批量转换。它的强大之处在于能从视频文件中分离出音频流，转换成完整的音频文件。典型的应用如 WAV 转 MP3，MP3 转 WMA，WAV 转 WMA，RM（RMVB）转 MP3，AVI 转 MP3，RM（RMVB）转 WMA 等。还可以从整个媒体中截取出部分时间段，转成一个音频文件，或者将几个不同格式的媒体转换并连接成一个音频文件。另外软件还可以自定义各种质量参数，可以满足用户不同的需求。

8．IMook

iMook 开创了内容、品牌与商业模式的立体结合，集成了文字、图片、音乐、视频、动画等元素的极富视觉表现力的新媒体工具。阅读器采用分布式的 P2P 文件传输方式进行杂志的下载，下载用户越多，下载的速度也就越快。目前，可订阅的杂志数量较少，但是在线阅读功能比较好，让用户不下载杂志也可以看，不但省去了用户下载杂志的过程，也节省了用户的硬盘空间。

9.10　习题

1．利用暴风影音的"收藏"功能，记住正在播放影片的播放位置。再重新播放，从上次暂停的位置观看。

2．如何在 RealOne Player 中测试网络连接速度？

3．在 Windows XP 环境中检查 Windows Media Player 的版本，如果不是 11 版则登录微软网站，下载并安装 Windows Media Player 11。安装后播放媒体文件，并利用搜索功能自动搜索正在播放的媒体文件的相关信息。

4．在 Foobar 2000 环境中，创建并命名新的播放列表，将播放列表中的多首歌曲合并为一曲。

5．下载并安装 minilrc 播放插件，在 Foobar 2000 中播放歌曲时能够同步显示歌词。

6．下载并安装 JetAudio，在 JetAudio 中添加新的专辑，并将其和计算机中的某个文件夹建立链接。

7．在 Windows Movie Maker 2.1 环境中编辑电影剪辑，要求在影片中加入音乐背景和旁白。

8．利用 PPlive 播放网络电视节目，并将频道加入收藏夹。

9．下载并安装"超级转换秀白金版 V17.3"版本，首先将 CD 中的音乐转换为 MP3 格式的文件并保存在计算机中；然后将存放于计算机中的某个 MP3 格式的文件转换为 WAV 格式；最后将某段 .avi 格式的视频文件转换为 .rm 格式。

10．下载 ZCOM 阅读器，下载、订阅并阅读杂志。

第10章 数字音频处理工具软件

对数字音频的处理包括数字音频的编辑和增加声音效果,在本章中主要介绍几款比较熟悉的数字音频处理软件。

10.1 数字音频基础知识

10.1.1 声音的基本概念

1. 声音的定义

声音是一种波,波是起伏的,具有周期性和一定的幅度,它有三个指标:

（1）振幅

振幅是指波的高低幅度。体现了声音的强弱。幅度越大,声音越响,反之就越弱。

（2）周期

周期是指两个相邻波波峰到波峰或波谷到波谷之间的时间长度。周期性表现为频率,控制音调的高低。

（3）频率

频率是指每秒钟振动的次数,以 Hz 为单位。体现了音调的高低。频率越高,声音就越尖,反之就越沉。比如说男生的声音都比较低沉,就是因为男生的声带较宽,发出的声音主要集中在低频部分的缘故。

同样声音有三个要素:

（1）音调

音调决定声音的高低。声音的振动频率高,音调就高,反之亦然,但它们之间并非线性关系。

（2）音色

音色决定声音的特质。它是指具有特色的声音,可分为纯音和混和音。振幅和频率不变的声音信号称为单音。单音一般只能由专用电子设备产生。在日常生活中,我们听到的自然界的声音一般都属于复音,其声音信号由不同的振幅与频率合成而得到。

（3）音强

音强决定声音的强弱。声音的强度,与声音幅度有关,振幅越大,则响度越大,反之亦然,但它们也不是线性关系。

2. 电脑声音的分类

我们说话是靠声带的振动,但是电脑中产生声音(电源风扇或硬盘、光驱的噪声不在其内)是通过声卡产生特定的电信号,从而控制扬声器发出声音。电脑的声音由于产生机制的不同而分为两种:合成音乐和数字声音。

合成音乐是把根据乐谱演奏的乐器声音组合而形成的音乐。目前的主流声音卡都是使用波表(Wave table)合成法,也就是说使用乐器的数字声音来演奏乐谱。影响合成音乐的质量因素主要有:波表数据的真实性、可以同时演奏乐器的通道数(复音数)、是否支持合唱和混响等。

数字声音是指将人听到的声音(又称为模拟声音)进行数字化转换(量化)后得到的数据。这一转换过程在使用计算机进行录音时由声卡自动完成,又称为模/数转换。但由于扬声器只能接受模拟信号,所以声卡输出前还要把数字声音转换回模拟声音,也即数/模转换。

3. 数字声音质量

数字声音质量,简称音质。音质与频率范围有关,频率范围越宽音质越好。影响音质的常见因素有:

1)对于数字音频,音质的好坏与数据采样频率和量化位数有关。

2)与还原设备有关。

3)与信噪比有关。

4. 音质的判断

在对数字声音进行处理时,都希望得到效果好的声音,可究竟怎样才算效果好呢?除了前面提到的那几个基本因素之外,还有一些主观上的音质判断,比如清晰与浑浊、圆润与发毛、临场感、立体感等等。

音质判断一般都需要受过专业训练的人才能掌握,不过也有普通人容易理解的,比如立体感。立体感就是听者能否根据声音的变化去判断音源的位置。对于游戏玩家来说,游戏中的声音是否具有立体感是非常重要的。现在许多流行的游戏都在这方面狠下工夫,力求给玩家营造置身其中的感觉。

10.1.2 声音的数字化

声音是信息传播的载体之一,是多媒体技术研究的一个重要内容。可以预言,数字音频是未来音频处理的必然趋势。然而,在数字化音频时代,普通用户对于数字音频还是知之甚微。本节着重从基础谈起,希望能对渴求基础知识的读者有所帮助。

留声机发明后,人们希望保存声音的愿望变为现实,而如今音频处理的发展早已不仅仅满足于单纯地记忆声音,音频处理技术自20世纪末开始伴随着个人PC的发展和普及得到迅速的发展。

在模拟音频技术中,通常以磁介质来记录声音。这一原理很容易理解,例如话筒是模拟录音中常用的工具,它把声波信号转换为电信号,随着声波信号的变化,话筒内电流的强弱也产生相应的变化。这种变化经过放大处理后传递到磁头,从而产生连续强度不同的磁场,进而磁化磁带上的磁性材料,于是声音就这样保存在了磁带上。值得注意的是,模拟音频的记录方式是线性的,这条线是由无数个连续变化的磁场状态组成的。因而我们无法从中找取一个代表声波元素的绝对磁场强度,每个点的磁场强度都不是单独存在的。因此,存储介质的磁性变化将会直接影响到模拟音频的回放质量。

而数字音频没有这样的烦恼,即使被复制无数次,数字音频信号绝对不会出现任何信号丢失或发生变化的情况。为什么数字音频有这样的特性?数字音频技术,是通过将声波波形转换成一连串的二进制数据来保存声音的。

模拟音频转换为数字音频的过程包括声音的采样、量化和编码三个步骤。声音数字化后形成声音文件,就可以被保存到电脑中。采样的过程主要依靠模/数转换器(Analog to Digital

Converter,ADC),它每隔一个时间间隔不停地间断性地在模拟音频的波形上采取一个幅度值。而每个采样所获得的数据与该时间点的声波信号相对应,它称之为采样样本。将一连串样本连接起来,就可以描述一段声波了,而每秒钟对声波采样的次数我们称之为采样频率,单位是Hz(赫兹)。

模拟声音经过采样后就变成离散的声音。先将采样后的信号按声波的幅度划分为有限个区段的集合,把落入到某个区段的样值归为一类,并赋予相同的量化值,这个就是量化的过程。对于每一个采样,系统会分配一定的储存位数(bit数)来表达声波的振幅状态,称之为采样精度。采样精度越高,声音被还原的就越细腻。数字音频是经过采样和量化后得到的。时间上的离散叫采样,幅度上的离散叫量化。随后按一定的格式将离散的数字信号记录下来,并在数据的前、后加上同步和纠错等控制信号,这个过程就是编码的过程,编码完成后即完成了转化工作。

很明显地看出,模拟音频在时间上的连续性是数字音频无法比拟的。而数字音频可以看作是一个数字序列,是以二进制数据来表示一段音频信号。这就是模拟音频和数字音频最根本的区别所在。

上面介绍了关于数字音频的一些基本知识,现在再为其中出现的相关术语做进一步的详细说明。

1. 采样频率(Sampling Rate)

采样频率是指每秒钟抽取声波幅度样本的次数,其单位为Hz(赫兹)。例如,CD音频通常采用44.1 kHz的采样频率,也就是每秒钟在声波曲线上采集44100个样本。傅里叶定理表明,在单位时间内的采样点越多,录制的声音就越接近原声。也可以从时间概念上来理解采样频率,采样频率越高,数字音频则越接近原声波曲线,失真也越小。当然,高采样频率意味着其存储音频的数据量越大。采样频率的高低是根据奈奎特采样定理和声音信号本身的最高频率决定的。该定理指出:采样频率不应低于原始声音的最高频率的2倍,这样才能把以数字表达的声音还原成原来的声音。

众所周知,人耳的响应频率范围在20Hz～20kHz,根据奈奎特采样定理,为保证声音不失真,采样频率至少应保证不低于40kHz。此外,由于每个人的听力范围是不同的,20Hz～20kHz只是一个参考范围,因而通常还要留有一定余地,所以CD音频通常采用44.1kHz的采样频率。

以下标明的是不同的采样频率对音质的影响。

48 kHz——数字广播质量——记录数字媒体的广播使用

44 kHz——CD音质——高保真音乐和声音

32 kHz——接近CD音质——数字摄像机伴音等

22 kHz——收音音质——短的高质量音乐片断

11 kHz——可接受的音乐——长音乐片断,高质量语音等

5 kHz——可接受的语音——简单的声音

2. 精度(Bit Resolution)

采样精度直接关系到音频文件的品质,主要用于描述每个声音样本的振幅大小,其单位为bit(位),常用的有8 bit、12 bit和16 bit等。那么8 bit、12 bit和16 bit到底可以表示多少个不同的振幅状态? 我们可以这样理解:计算机数字信号最终归于二进制数字表示,即为"0"、"1"

两个数字。那么拿 8 位采样精度来说,即可以描述 2 的 8 次方 = 256(0~255)个不同的振幅状态。同理,16 位采样精度则可以描述 $2^{16} = 65536(0~65535)$ 个不同的状态。采样精度越高,数字音频曲线越接近原声波曲线。因而采样精度越高,就能得到更接近原声的音质,声音的保真度也就越高。通常 16 位的采样精度足以表示从人耳刚听到最细微的声音到无法忍受的巨大的噪声这样的声音范围了。同样,采样精度越高,表示的声音的动态范围就越广,音质就越好,但是储存的数据量也越大。

3. 量化

这个过程就是把整个振幅划分成有限个小幅度,每一个有限的小幅度赋予相同的一个量化值(振幅状态),用于表示采样精度可以描述的振幅状态的数量。量化的方法大致可以分成两类:

(1) 均匀量化

也就是采用相等的量化间隔来度量采样得到的幅度。这种方法对于输入信号不论大小一律采用相同的量化间隔,其优点在于获得的音频品质较高,而其缺点在于音频文件容量较大。

(2) 非均匀量化

即对输入的信号采用不同的量化间隔进行量化。对于小信号采用小的量化间隔,对于大信号采用大的量化间隔。虽然非均匀量化后文件容量相对较小,但对于大信号的量化误差较大。

以下是位分辨率对音质的影响。

16 位——CD 音质——高保真音乐和声音

12 位——接近 CD 音质——数字录像机伴音等

8 位——收音音质——短的高质量音乐片断

4 位——可接受的音质——长音乐片断、高音质语音等

数字音频文件是有大小的,比如一首 MP3 通常有 4~7 MB,那么这是怎么计算出来的呢?这里有一个公式可以推算在计算机中音频文件的大小:

文件每秒存储量(字节) = 采样频率(Hz) × 采样精度(位) × 声道数/8

一张标准数字唱盘(CD-DA 红皮书标准)的标准采样频率为 44.1 kHz、量化位数为 16,可以计算出每秒钟 WAVE 文件的大小 = 44100 × 16 × 2/8 = 176400Bytes ≈ 168.2 KB,这样,如果一首 5 分钟的 CD 音频歌曲,那么它的大小约为是 0.1682 × 60 × 5 = 50.468 MB,因而一张 650 MB 的 CD 光盘通常只存 10~14 首歌曲。

10.2 数字音频的采集、编辑与转换

数字声音的处理主要分为三个方面:压缩、编辑和效果处理。

目前有很多种对声音进行压缩的方法,各有不同的应用范围,比如程控交换电话中的是 ADPCM(差分脉冲编码调制),手机中用的是 GSM,而对于音乐,用的就是 MP3 了。

压缩的目的就是降低数据量,以便于传输,这一过程称为编码。而在播放时,便需要有一个解码的过程,将压缩了的数据还原为可以直接播放的数字声音。比如现在非常流行的 Winamp,就是从播放 MP3 这一个功能起家的。

声音的编辑常常是进行分段、组合、首尾处理等,类似于对文本进行编辑。效果处理也常

常放在编辑操作中同时进行。常用的处理有回声处理、倒叙处理、音色效果处理等。

先把声卡的 MIC IN 插孔与话筒(传声器)连接,或者把 LINE IN 与其他声音输入设备(例如,录像机的 Audio 插孔)相连。

双击位于任务栏的声音控制图标(扬声器形状的图标),弹出如图 10-1 所示音量控制窗口(注意,如果是单击,则只弹出一个简单的音量调节栏),选择"选项→属性"菜单项,在弹出的窗口中的"调整音量区"选择"录音",如图 10-2 所示,然后在"显示下列音量控制"中选择"线性输入"(Line In)——用于外部声音音频电流的输入;如果是使用麦克风(传声器)录音,则必须勾选"MIC"。可以选择多个音量控制项。按"确定"后,音量控制窗口就出现各种录音方式的音量控制栏。这时候,就可以选择要使用的某种录音方式(在该方式的录音控制栏下面勾选"选择"项),然后再调节栏中的音量,可以根据自己的输入设备调节录音音量。另外,也可以调节左右声道的音量比例。

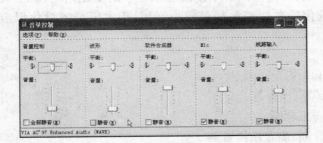

图 10-1　音量控制窗口

图 10-2　录音设置

10.3　Windows 录音机

Windows 录音机是 Windows 操作系统提供的录音机程序,它能够进行简单的波形声音文件处理,包括添加回音、与文件进行混音等处理。

1. 启动 Windows 录音机

1) 在 Windows 菜单中选择"开始→程序→附件→娱乐→录音机"之后,将打开如图 10-3 所示的"声音-录音机"窗口。如果没有这一项,可以通过控制面板中的"添加\删除程序"来安装录音程序。

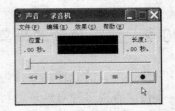

图 10-3　"声音-录音机"窗口

Windows 录音机窗口的菜单栏有"文件"、"编辑"、"效果"、"帮助"4 个菜单,它集中了有关录音和播放方面的所有操作命令。"位置"表示声音文件的当前位置(以"秒"为单位),"长度"指文件的录音长度(以"秒"为单位),在"位置"与"长度"之间是声音文件的可视显示,它的形状取决于声音的波形。

2．设置 WAV 录音文件的格式

在录音程序"文件"菜单中选择"属性"，弹出图 10-4 所示的"声音的属性"窗口，进行录音文件的格式设置。在声音属性窗口对话框的上半部分显示当前声音文件的版本、长度、数据大小、音频格式等属性。打开"选自"下拉列表框之后，可以看到"播放格式"、"录音格式"、"所有格式"共三个选项，其中"所选格式"包括"播放格式"与"录音格式"，需要对上述两种格式同时进行转换时，可选择"所选格式"选项。

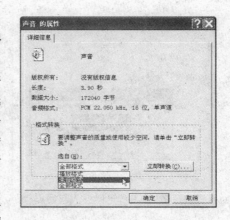

图 10-4 "声音的属性"窗口

先在"录音位置"栏中选择"录音格式"，再单击"立即转换"按钮。在弹出的图 10-5 声音选定窗口中的"名称"栏中选择"CD 质量"即可，菜单如图 10-6 所示，注意 CD 质量的 WAV 格式文件将占用大量的空间。如果有特殊需要，可以按自己的要求选择其他的格式。注意，为了避免将 WAV 格式压缩转换为 MP3 出现麻烦，尽量选择 16 位声音格式。

3．设置录音质量

在录音程序"编辑"菜单中选择"音频属性"，然后在"录音"栏中选择高级属性，然后在弹出的图 10-7 所示的窗口中调节"采样率转换质量"，一般情况下都可以选择"一般"，当然录制高质量的声音需要调节到"最佳"。

4．开始录音

单击录音机程序界面中的"录音"按钮 ，然后打开你的录音机、收音机、随身听，或者对着麦克风（传声器）讲话，录音程序即开始录制，录音状态如图 10-7 所示的。注意，Windows中的录音机只能录制 60 秒内的声音（录制完 60 秒后，可以将录制的声音保存，然后再接着录制），因此用它来录制歌曲等意义不大，只能来录制自己的一些短小的嘱咐话语。

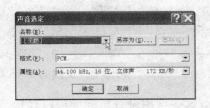

图 10-5 声音选定

图 10-6 "名称"菜单

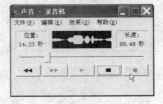

图 10-7 录音

单击"声音－录音机"窗口的"停止"按钮 时，将完成音频文件的录制工作。此时，可打开"文件"菜单，执行"另存为"命令，保存录制好的声音文件。在默认情况下，音频文件以 WAV 作为扩展名。

5．编辑录音

（1）插入声音

1）打开现有的声音文件，拖动滑块确定插入声音文件的起点，如图 10-8 所示。

2）执行"编辑"菜单的"插入文件"命令，打开图 10-9 所示的对话框，选择插入的声音文件。

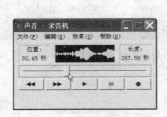

图 10-8　定位插入起始点

图 10-9　插入文件

3）单击"确定"按钮。

同样地，插入声音文件之后，可通过"文件"菜单的"保存"或"另存为"命令对文件进行保存。

（2）与文件混音

1）在打开的声音文件内确定混音效果的插入点，如图 10-10 所示。

2）执行"编辑"菜单的"与文件混音"命令，打开图 10-11 所示的对话框，选择与当前文件混音的声音文件。

如果在此之前曾经将声音文件或片段复制到剪贴板，确定混音效果的插入点之后，也可以执行"编辑"菜单的"粘贴混入"命令，菜单如图 10-12 所示，这样剪贴板的声音将混合到当前文件内。

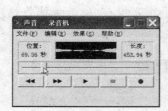

图 10-10　定位混音起始点

图 10-11　插入文件

图 10-12　编辑菜单

制作课件时经常需要课文朗读录音与背景音乐同时播放，这一点用录音机同样可以轻松实现。先把背景音乐文件和课文录音文件编辑好，用录音机打开背景音乐文件，播放到要插入课文录音的地方单击"暂停"按钮，在"编辑"菜单上，单击"与文件混音"，在出现的对话框中选择刚刚编辑好的课文录音文件即可完成配音任务。

（3）删除声音

在删除声音片段之前，首先要确定片段的范围。它可以是从声音文件的开头到某个特定位置，也可以是从指定的位置到声音文件的结束处。被删除的部分往往是声音文件内存在的静默、杂音或噪声。为了确定删除片段的位置，可使用多次试听、逐步缩小搜索范围的方法。

当需要删除声音文件的起始部分时，先将滑块拖动到删除片段的结尾处，然后执行"编辑"菜单的"删除当前位置之前的内容"命令。类似地，需要删除声音文件的结尾部分时，先将滑块拖动到删除片段的开始处,然后执行"编辑"菜单的"删除当前位置之后的内容"命令。

(4) 设置声音效果

初次录制的声音文件难免存在不尽人意的地方,除了在此之前介绍的对声音文件进行编辑之外,用户还可删除不满意的声音片段。另外,Windows 还允许用户对声音的音量、播放速度、回音效果等进行调整,以达到突出渲染主题的目的。

在"声音-录音机"窗口的"效果"菜单内,包含着对声音文件的音量、播放速度、回音等一系列控制命令,如图 10-13 所示。需要加大音量时,可执行"加大音量"命令,按每次增加 25% 的幅度增大声音文件播放的音量。类似地,执行"降低音量"命令时,将按每次减少 25% 的幅度减少声音文件播放的音量。

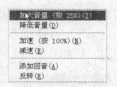

图 10-13　效果菜单

执行"加速"命令时,将按每次增加 100% 的幅度增加声音文件播放的速率。执行"减速"命令时,按每次减少 100% 的幅度减少声音文件播放的速率。

执行"添加回音"命令时,将给声音添加回响效果。如果回音效果不明显,可多次执行"添加回音"命令,在播放时体现叠加后的回音效果。

需要对声音文件进行反向播放时,可首先执行"效果"菜单的"反转"命令,对声音文件进行反转处理。再次执行该命令时,将恢复正常的播放状态。

需要注意的是,对声音文件的效果进行调整之后,执行"文件"菜单的"还原"命令恢复打开文件时的效果。这种恢复功能相当于撤消自打开声音文件以来的全部操作,而不是仅仅撤消最近一次的操作。

10.4　波形文件编辑工具——GoldWave

前面讲了 Windows 录音机,它的操作比较简单,所能实现的声音效果也有限,但是有些软件如 GoldWave 提供了强大的编辑功能。

GoldWave 的安装极为简单,只需要把压缩包解开即可,双击如图 10-14 所示的图标就可以运行 GoldWave。GoldWave 程序的主窗口如图 10-15 所示。

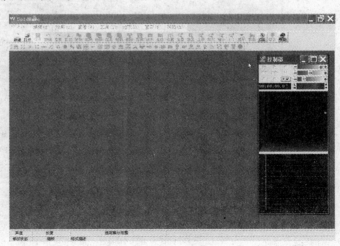

图 10-14　GoldWave 图标　　　　　　　　图 10-15　GoldWave 主窗口

刚进入 GoldWave 时,窗口是空白的,而且 GoldWave 窗口上的大多数按钮、菜单均不能使用,需要先建立一个新的声音文件或者打开一个声音文件。

1. 新建录音文件

1) 单击 GoldWave 主窗口的水平菜单"文件",选择"新建"命令,如图 10-16 所示。

2) 弹出如图 10-17 所示的"新建声音"对话框,在这里可以设置声音的质量和大小,声音的质量设置包括声道数和采样频率,声音的长度以毫秒为最小单位。默认的值为:声道数:2(立体声),采样频率:44100,声音的长度:1 分钟。设置好声音质量和大小之后单击"确认"按钮,进入如图 10-18 所示的新建声音文件窗口。

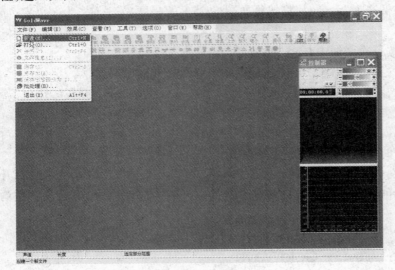

图 10-16　GoldWave 运行窗口

图 10-17　新建声音对话框

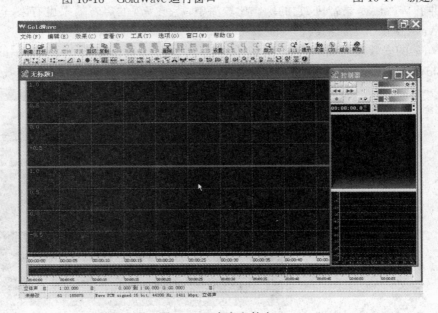

图 10-18　声音文件窗口

3）单击"设置控制器属性" 按钮，弹出控制器属性对话框，可以对控制器属性进行设置，包括播放设置、录音设置、音量设置、视觉设置、设备设置、检测设置，录音设置对话框和音量设置对话框如图10-19和图10-20所示。

图10-19　录音设置对话框

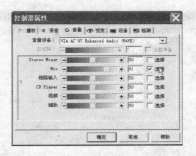

图10-20　音量设置对话框

在录音设置对话框中主要设置控制器上的播放按钮播放的范围，快进/倒退按钮的快进和倒退速度。在音量设置对话框中，选择Mic，则使用麦克风（传声器）进行录音；现在线性输入，则用于外部声音音频电流的输入；如果想录制网页或是电脑发出来的声音，选择Stereo Mixer使波形输出成为当前录音对象。在这里选择Mic，使用传声器进行录音。

4）把声卡的MIC IN插孔与传声器连接，单击"录音"按钮 ，开始录制声音文件，如图10-21所示。录制波形文件时会看到GoldWave的窗口中显示出了波形文件的声音波形。如果是立体声，GoldWave会分别显示两个声道的波形，绿色部分代表左声道，红色部分代表右声道。录制时间结束或者单击停止录音按钮，单击播放按钮，GoldWave就会播放这个波形文件。

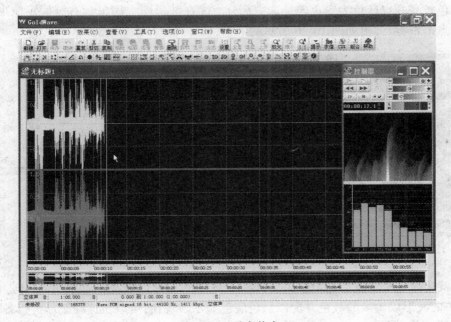

图10-21　录音状态

5）单击保存按钮，打开图 10-22 所示的"保存声音为"对话框，将所录制的声音文件保存，输入文件名，选择所要保存的文件类型和文件属性，保存类型菜单及属性菜单如图 10-23 和图 10-24 所示。

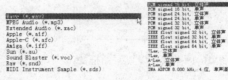

图 10-22 保存声音　　　　　图 10-23 保存类型菜单　　　图 10-24 属性菜单

为了便于交流，建议将声音文件格式保存为 WAV、MP3 中的某一种。Flash 制作 MTV 的声音格式一般为 MP3，保存时可存为"类型 MPEG"、"音质 layer-3, 22050 Hz, 16 kbit/s, 单声道"。

2．对波形文件进行简单操作

（1）选择波形

因为在 GoldWave 中，所进行的操作都是针对选中的波形。所以，在处理波形之前，要先选择需要处理的波形。选择波形的方法是：①在波形图上用鼠标左键确定所选波形的开始，如图 10-25 所示鼠标所指为波形的开始，鼠标左边颜色较淡并以黑色为底色的是未选中部分，鼠标右边颜色较亮并以蓝色为底色的是选中部分。②在波形图上用鼠标右键确定波形的结尾，在波形上点击右键，弹出如图 10-26 所示的菜单，选择设置结束标记命令。

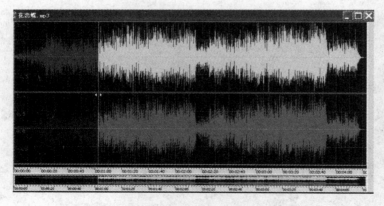

图 10-25 波形的开始

图 10-26 快捷菜单

这样就选择了一段波形，如图 10-27 所示，选中的波形以较亮的颜色并配以蓝色底色显示；未选中的波形以较淡的颜色并配以黑色底色显示。现在，可以对这段波形进行各种各样的处理了。

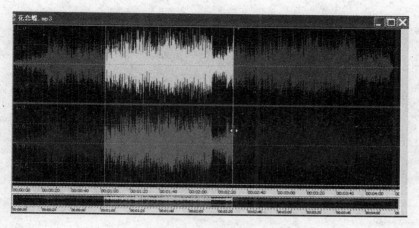

图 10-27　波形的结束

3．拷贝、剪切、删除、粘贴波形段

打开或录制一段波形文件,首先选择一段所要编辑的波形,如图 10-28 所示。

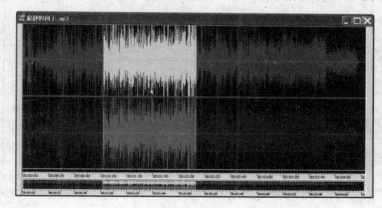

图 10-28　选择波形

（1）拷贝波形段

与其他 Windows 应用程序一样,拷贝分为复制和粘贴两个步骤:首先,选择波形段以后,按下工具栏上的复制按钮,选中的波形即被复制;然后,用鼠标选择需要粘贴波形的开始位置,点粘贴即可,粘贴位置后面的波形将顺时向后移。

（2）剪切波形段

剪切波形段是把一段波形剪切下来,保留在剪贴板中。然后再粘贴到某个位置。选择剪切命令后的波形如图 10-29 所示。

（3）删除波形段

删除波形段的后果是直接把一段选中的波形删除,而不保留在剪贴板中。

（4）剪裁波形段

剪裁波形段类似于删除波形段,不同之处是,删除波形段是把选中的波形删除,而剪裁波形段是把未选中的波形删除,两者的作用可以说是相反的。选择剪裁命令后的波形如图 10-30 所示。

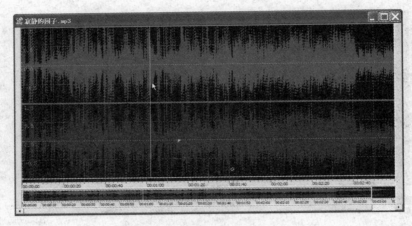

图 10-29　选择剪切命令后的波形

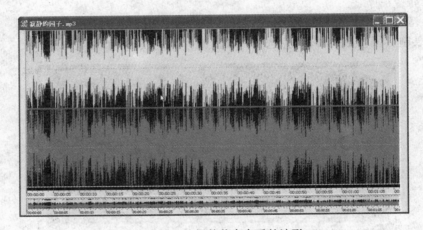

图 10-30　选择剪裁命令后的波形

（5）粘贴的几种形式

刚才再拷贝中使用的粘贴是普通的粘贴命令,除此之外,在 GoldWave 的工具栏的第一行中还有粘贴到新文件以及混音这两种特殊的粘贴命令。

粘贴到新文件是自动创建一个和波形段一样大小的新文件,将所复制的波形段粘贴到新文件中。

混音是将复制的声音和当前所选的波形文件进行混音,可以利用混音制作演讲朗读的背景音乐。

录制一段朗诵,朗诵的波形如图 10-31 所示,打开背景文件,复制一段用于做背景音乐的波形段,然后选择所录制的朗读文件,选择混音命令,弹出如图 10-32 所示"混音"对话框。

在"混音"对话框中可以设置进行混音的起始时间即背景音乐开始的时间,以及混音的音量即背景音乐的音量大小。设置完后单击"确定"按钮即可。混音后的波形如图 10-33 所示。

4. 对波形文件进行复杂的操作

如果想对波形进行较复杂的操作,如偏移、改变播放时间、增加回声、声音渐弱、交换声音等,就必须使用 Goldwave 提供的声音效果命令。单击 GoldWave 主窗口的水平菜单"效果",弹出如图 10-34 所示的菜单,Goldwave 所提供的声音效果命令都在这里。

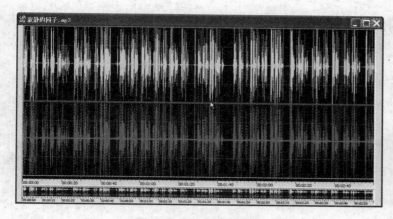

图 10-31　朗诵的原波形

图 10-32　"混音"对话框

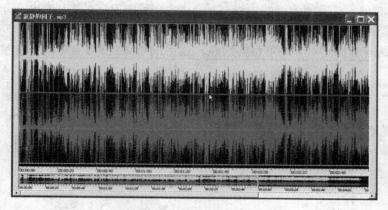

图 10-33　混音后的波形图

图 10-34　效果菜单

效果菜单中所有命令的按钮均位于 GoldWave 工具栏的第二行,如图 10-35 所示。

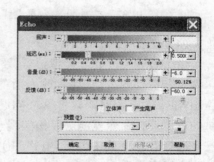

图 10-35　效果命令按钮

（1）回声效果

回声是指声音发出后经过一定的时间再返回被听到,就像在旷野上面对高山呼喊一样,这种效果在很多影视剪辑、配音中被广泛采用。GoldWave 的回声效果制作方法十分简单,选择效果菜单下的回声命令,在弹出图 10-36 所示的对话框中输入延迟时间、音量大小和打开混响选框就行了。

图 10-36　回声效果设置

延迟时间值越大,声音持续时间越长,回声反复的次数越多,效果就越明显。而音量控制是指返回声音的音量大小,这个值不宜过大,否则回声效果就显得不真实了。打开混响效果之后,能够使声音听上去更润泽、更具空间感,所以建议一般都将它选中。

（2）压缩效果

在唱歌的录音中,往往录制出来的效果不那么令人满意,究其原因很大程度上是由于唱歌

221

时气息、力度的掌握不当造成的。有的语句发音过强、用力过大,几乎造成过载失真;而有的语句却"轻言细语",造成信号微弱。如果对这些录音后的音频数据使用压缩效果器就会在很大程度上减少这种情况的发生。

压缩效果利用"高的压下来,低的提上去"的原理,对声音的力度起到均衡的作用。在GoldWave中,单击效果菜单的压缩器/扩展器命令,弹出如图10-37所示的对话框。在它的三项参数中最重要的是阀值的确定,它的取值就是压缩开始的临界点,高于这个值的部分就被以比值(%)的比率进行压缩。而平滑度表示声音的润泽程度,其取值越大声音过渡得越自然,但听上去感觉也越模糊;其取值越小声音越生硬,但越清晰,所以在压缩过程中应选择一个合适的平滑度,以获得最好的效果。

(3) 镶边效果

使用镶边效果能在原来音色的基础上给声音再加上一道独特的"边缘",使其听上去更有趣、更具变化性。选择GoldWave效果菜单下的边缘(Flange)命令就能看到如图10-38所示的设置界面。镶边的作用效果主要依靠深度和频率两项参数决定,试着改变它们各自的不同取值就可以得到很多意想不到的奇特效果。如果想要加强作用后的效果比例,则将混合音量增大就可以了。

图 10-37　扩展/压缩效果设置

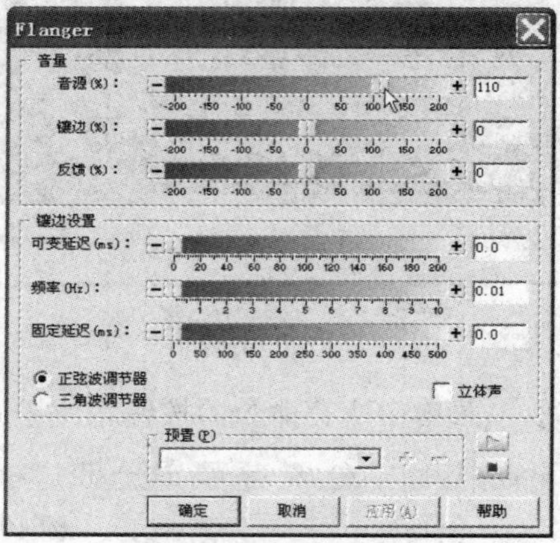

图 10-38　镶边效果设置

(4) 改变音调

由于音频文件属于模拟信号,要想改变它的音调是一件十分费劲的事情,而且改变后的效果不一定理想。GoldWave能够合理地改善这个问题,只需要使用它提供的音调变化命令就能够轻松实现。

选择效果菜单中的音调(Pitch)进入图10-39所示的改变音高设置对话框。其中比例表示音高变化到现在的0.5~2.0倍,是一种倍数的设置方式。而半音就一目了然了,表示音高变化的半音数。12个半音就是一个八度,所以用+12或-12来升高或降低一个八度。

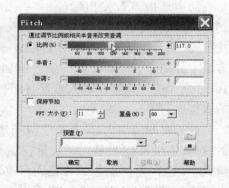

图 10-39　音高变化设置

它下方的好声调(Fine Tune)是半音的微调方式,100个单位表示一个半音。

222

由音频格式的固有属性知道,一般变调后的音频文件其长度也要相应变化,但在 Gold-Wave 中有"变调不变长"功能,只须将对话框中的保留长度选框选中就行了,现在再播放时发现还是原来的文件长度。

(5) 均衡器

均衡调节也是音频编辑中一项十分重要的处理方法,它能够合理改善音频文件的频率结构,达到理想的声音效果。

选择效果菜单的均衡器命令就能打开如图 10-40 所示的 GoldWave 10 段参数均衡器对话框。最简单快捷的调节方法就是直接拖动代表不同频段的数字标识到一个指定的大小位置,注意声音每一段的增益(Gain)不能过大,以免造成过载失真。

60 Hz、150 Hz 都是低音部分,决定背景声音中杂音的,可将其稍微下降;下降 400 Hz 部分是将人声部分变脆的;1000 Hz 和 2400 Hz 为音乐部分;6000 Hz 和 15 kHz 是人声部分,如无特殊要求,这两项基本不用动。在实际应用中可根据 MP3 的效果自行调整,达到自己满意的效果即可。

(6) 音量效果

GoldWave 的音量效果子菜单中包含了改变选择部分音量大小、淡出淡入效果、音量最大化、定型等命令,满足各种音量变化的需求。

改变音量大小命令是直接以百分比的形式对音量进行提升或降低的,其取值不宜过大。如果既不想出现过载,又想在最大范围内的提升音量,那么建议使用音量最大化命令。它是 GoldWave 提供的最方便、实用的命令之一,一般在歌曲刻录 CD 之前都要做一次音量最大化的处理。

淡出淡入效果的制作也十分容易,直接选择相应命令并输入一个起始(或结束)的音量百分比就行了,现在再听听效果,音量的变化显得十分自然。

如果想对不同位置的音频事件进行不同的音量变化就必须使用音量定型线了,选择定型命令,就可以打开如图 10-41 所示的定型线对话框,然后直接用鼠标添加、调整音量点的位置,最后按下"确认"按钮。

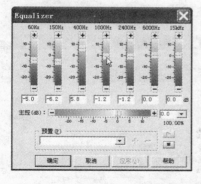

图 10-40　10 段参数均衡器调节

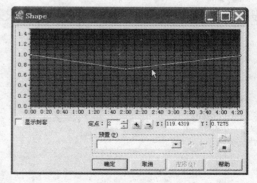

图 10-41　音量定型线设置

(7) 使用表达式求值器

GoldWave 不但有完善的声音编辑功能,还有强大的声音生成功能,用户可以使用一些数学公式来生成各种各样的声音。选定插入点后,单击工具栏上的表达式求值器 f(x)按钮,即可进入如图 10-42 所示的表达式求值器窗口进行修改。

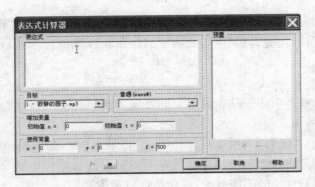

图 10-42　表达式求值器窗口

也可以直接在 Expression 文本框中直接输入表达式来产生声音。例如,用户可以输入类似 $\sin(t) * \log(t)-\exp(t)$ 这样的表达式。

5. 其他实用功能

GoldWave 除了提供丰富的音频效果制作命令外,还有 CD 读取器、批量格式转换、多种媒体格式支持等非常实用的功能。

(1) CD 读取器

如果要编辑的音频素材在一张 CD 中的话,现在不需要再使用其他的抓音轨软件在各种格式之间导来导去了,直接选择 GoldWave 工具菜单下的 CD 声音取出命令就能够一步完成,CD 抓音轨对话框如图 10-43 所示。选择所要保存的曲目之后按下"保存"按钮,再输入一个保存的文件名称和路径就行了。

(2) 批量格式转换

GoldWave 中的批量格式转换也是一个十分有用的功能,它能同时打开多个它所支持格式的文件并转换为其他各种音频格式,运行速度快,转化效果好。

选择 GoldWave 主窗口中的"文件"菜单下的"批处理"命令,弹出如图 10-44 所示的对话框,在对话框中添加要转换的多个文件,并选择转换后的格式和路径,然后按下"开始"按钮。等待片刻之后,就会在刚才设置的路径下找到这些新生成的音频格式文件。

图 10-43　CD 抓音轨对话框

图 10-44　批处理

6．巧用 GoldWave 制作 MP3 铃声

（1）打开文件

1）选择 GoldWave 主窗口下的"文件"菜单的"打开"命令，弹出如图 10-45 所示的"打开声音文件"对话框，指定一个将要进行编辑的 MP3 文件，然后按＜Enter＞键，载入文件。

图 10-45" 打开声音文件"对话框

GoldWave 会显示出如图 10-46 所示的这个文件的波形状态和软件运行主界面，主界面从上到下被分为 3 个大部分，最上面是菜单命令和快捷工具栏，中间是波形显示，下面是文件属性。制作 MP3 铃声主要操作集中在占屏幕比例最大的波形显示区域内。

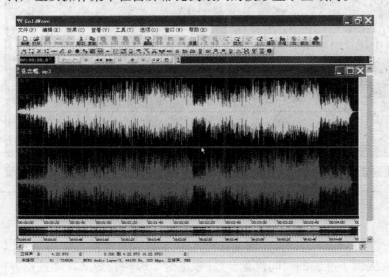

图 10-46　波形文件

（2）选择需要截取的部分

GoldWave 的选择方法很简单，充分利用了鼠标的左右键配合进行，在某一位置上左击鼠标就确定了选择部分的起始点，在另一位置上右击鼠标就确定了选择部分的终止点，这样选择

的音频部分以高亮度显示,所有操作都只会对这个高亮度区域进行,其他的阴影部分不会受到影响,选定的歌曲高潮部分如图 10-47 所示。

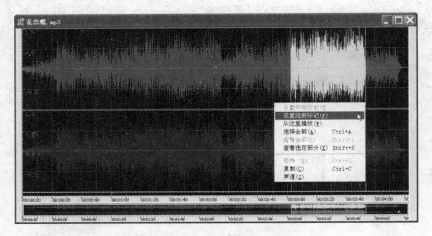

图 10-47　选定的歌曲高潮部分

（3）时间标尺

在波形显示区域的下方有一个指示音频文件时间长度的标尺,它以秒为单位,清晰地显示出任何位置的时间情况,这就对了解掌握音频处理时间、音频编辑长短有很大的帮助,因此一定要在实际操作中养成参照标尺的习惯,它将带来很大的方便。图 10-48 所示为以秒为单位查看所选定的波形。

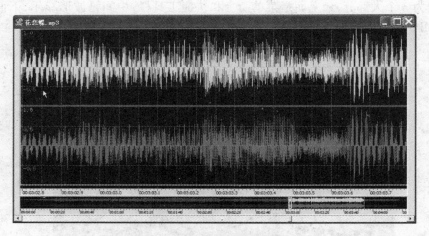

图 10-48　查看所选定的波形

其实打开一个音频文件之后,立即会在标尺下方显示出音频文件的格式以及它的时间长短,GoldWave 就提供了准确的时间量化参数,根据这个时间长短来计划进行各种音频处理,往往会减少很多不必要的操作过程。（建议截取的铃声最长在 60 秒左右,因为作为铃声来说,60秒刚好是一个拔号的周期时间,太长了只会浪费手机内存上的空间）。

（4）新建铃声文件

单击工具栏下的复制按钮,执行复制命令后,选中的波形即被复制;此时粘贴按钮就由灰色变成彩色,表示可用,单击"粘贴为新文件"按钮,创建一个新文件,并把复制的文件粘贴到新文件里,这样就创建了一个铃声文件,创建的新铃声文件如图 10-49 所示。

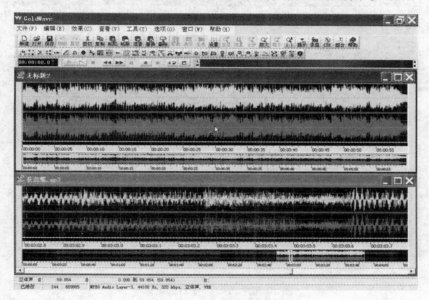

图 10-49　新铃声文件

　　因为用 GoldWave 截取出来的 MP3 当铃声时不能重复响铃,如果想让一段比较短的声音重复播放,可以使用复制、粘贴命令。

　　(5) 增大音量

　　选择工具栏上的"效果"选项,再执行"音量→更改"命令,如图 10-50 所示,或者在键盘上按<Alt + C + T + C>快捷键,这样就进入如图 10-51 所示的音量更改界面。

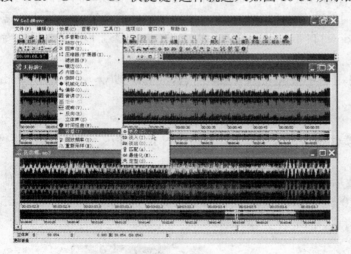

图 10-50　音量更改

图 10-51　音量更改界面

　　将 MP3 音量加大到 150% 左右的时候,这样既加大了音量,也不至于在手机上播放的时候发生 MP3 音质失真的情况。调整音量时,可以在音量对话框中进行试听,单击对话框中的绿色的播放按钮即可，调整好后，单击"确认"按钮，改变音量后的波形如图 10-52 所示。

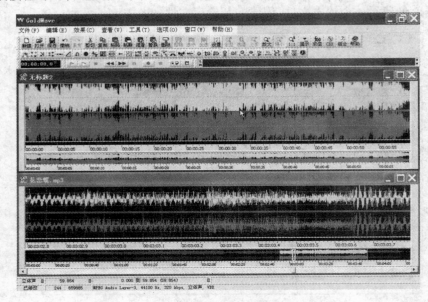

图 10-52 改变音量后的波形

（6）保存

单击"保存"按钮，将所做的铃声保存起来，这样就可以传到手机里了。

10.5 波形文件编辑工具——WaveCN

多媒体的快速发展让人们对声音的质量有了更高的要求。于是各种音频编辑软件应运而生，从 Windows 中自带的录音机到国外的专业 Cool Edit Pro 以及国内的豪杰超级音乐工作室都成了人们常用的工具。但是 Windows 自带的录音机效果太少，专业的 Cool Edit Pro 又太专业了，而且还是英文。

在这里介绍一个适合入门者使用的中文免费软件：WaveCN。可以到 www.wavecn.com 去下载。

1. WaveCN 的安装

从名字上就可以看出来，这个软件是中国人编写的。WaveCN 是由国内苏信东编写的一个免费的音频编辑软件。

WaveCN 的安装极为简单，下载后是一个用 WinZip 制作的安装程序文件，双击 10-53 所示的图标安装 WaveCN，弹出如图 10-54 所示的释放文件对话框，文件解压后，弹出如图 10-55 所示的用户协议对话框，选择接受协议，单击"下一步"按钮。

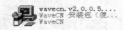

图 10-53 WaveCN 安装图标

图 10-54 释放文件

弹出如图 10-56 所示的安装路径对话框，默认路径为 C：\ Program Files \ WAVECN，可以在安装目录中直接修改安装路径，或者单击"浏览"按钮，选择目标路径即可。选择好路径后，单击"开始安装"，弹出如图 10-57 所示安装设置对话框。

图 10-55　用户协议

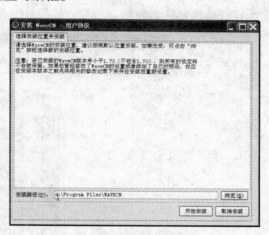

图 10-56　设置安装路径

安装成功后启动 WaveCN 程序，第一次启动时会弹出如图 10-58 所示的临时文件夹选择对话框，推荐设置在硬盘可用空间最多的分区上。WaveCN 主窗口如图 10-59 所示。

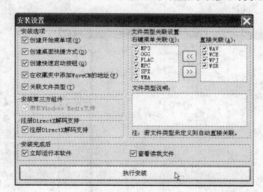

图 10-57　安装设置

图 10-58　临时文件夹设置

2．WaveCN 的使用

作为一个音频编辑器，它的主要作用就是建立、修改、编辑音乐和制作特殊效果。

（1）新建文件

选择文件菜单下的新建命令，就会打开如图 10-60 所示的对话框。从图 10-60 上可以看到有频率、通道（声道）、采样率等供用户选择。而且在右边还内置了一些标准的音质项目供用户选择，如 CD 音质、类 CD 音质、FM 调频广播音质、AM 调幅广播音质和电话音质等等。

选择工具栏上的新建按钮也可以新建一个音频文件，但是不会出现如图 10-60 所示的设置对话框，此时 WaveCN 会以默认值来建立文件。

（2）录制声音

打开录音功能，可以见到如图 10-61 所示的包含有 7 个功能模块组的控制界面，以及右边的五个按钮:关闭——关闭整个录音界面;帮助——调用本帮助内容;最小化——把软件最小化,用于在后台进行录音;简化功能——只显示录音控制、录音设置和录音方式功能模块;全部功能——显示出 7 个功能模块,包括录音控制、录音设置、录音方式、声控录音、定时录音、时间记录和自动控制 7 个模块。

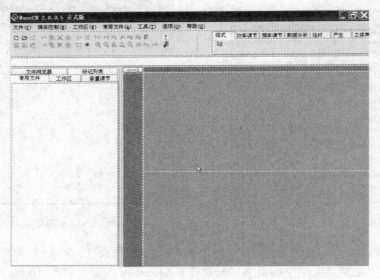

图 10-59　主窗口

图 10-60　新建文件

图 10-61　录音控制界面

　　第一组是录音控制,直接控制录音的进程,可以通过按<Ctrl＋1>组合键来快速显示/折叠。其他各组依此类推。将录音控制打开,如图 10-62 所示。在录音控制中,左边的是功率表,显示录音信号的功率强弱,直接判断录音内容是否过荷。监控选择框可以用于控制是否显示功率表。CD 播放器可以用于控制播放 CD,CD 同步选择框可在按下 CD 播放器的播放按钮时自动开始录音。准备、开始、暂停、停止四个按钮用于控制录音过程,每个按钮都有一个快捷键,可以很方便地进行键盘控制。单击开始/暂停按钮时自动添加时间记录选择框可用于更容易地向时间记录中添加项目。录音控制快捷键设置为全局快捷键可以将上面四个按钮的快捷

230

键定义为系统热键,这样即使 WaveCN 不是处于活动状态也可以控制录音过程,尤其适合 WaveCN。

第二组是录音设置,将录音设制打开,如图 10-63 所示。录音设置中,音质设置选择的内容包括频率、通道数和采样位数。这些参数直接影响录音的音质,可以通过右边的录音设置预设功能调用一些常用的设置,也可以通过该功能保存一些自己独有的比较特殊的设置。旁边的音量调节可以调整录音的音量。如果觉得这里提供的控制还不足够,可以通过系统混音器按钮调用。

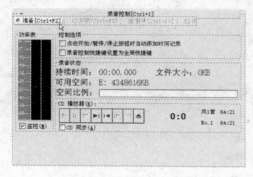

图 10-62　录音控制

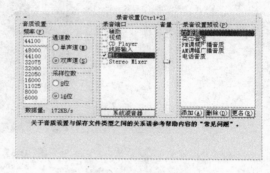

图 10-63　录音设置

Windows 的混音器进行设置。通常,在录音之前都要先试录几次,以确定一个合适的录音音量设置。在这里选择 CD 音质,端口设置为 MIC。设置完毕后,打开录音控制模块,单击准备录音按钮,然后单击开始录音按钮就开始录音了,录音状态如图 10-64 所示。

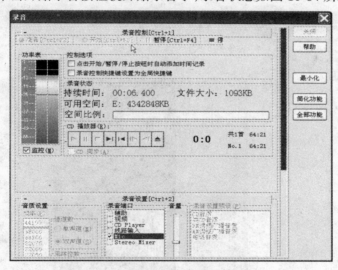

图 10-64　录音状态

录音完后单击停止按钮,关闭录音对话框,在主窗口中会新建一个录音文件,如图 10-65 所示。

(3) 编辑声音

WaveCN 的使用方法与一般的音频编辑软件如前面介绍的 GoldWave 比较类似。如选择、剪切、复制、删除、粘贴等等都在工具栏的按钮上。

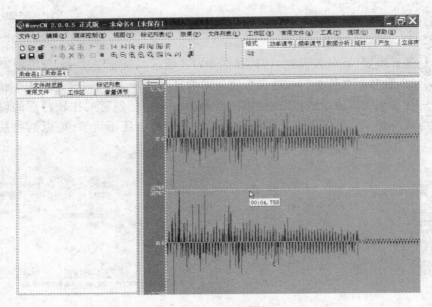

图 10-65　录音文件

通过观察窗观察波形,并可以实现选择等编辑操作。在波形窗口内按鼠标左键拖动可以实现对波形的选择,如果拖动时鼠标超出窗口界限,则会自动卷动。鼠标右键可以对已选定的波形范围进行扩充或缩减。在波形窗口内双击可实现全选操作。如图 10-66 所示,以灰色为底色的部分是未被选择的波形段,以蓝色为底色,白色的波形部分是被选择的波形段。

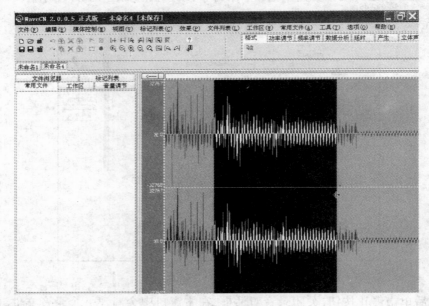

图 10-66　录音文件

如果想放大或突出选择区域并对它们进行细编辑的话,那工具栏右边的那些按钮是非常有用的,工具栏如图 10-67 所示,它们都是视图屏幕命令的快捷方式,单击放大按钮放大波形,如图 10-68 所示。

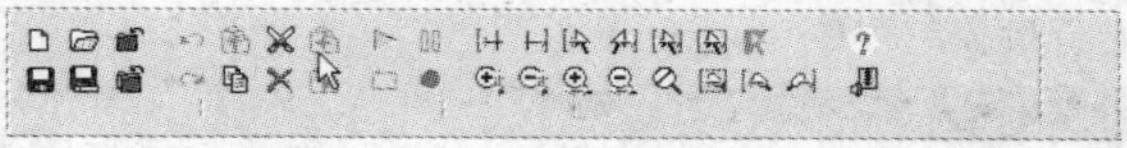

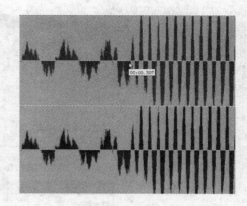

图 10-67　工具栏

图 10-68　波形横向放大

（4）音效处理

在 WaveCN 中把音质效果处理分门别类地列了出来。它们都被放在了效果菜单下和屏幕的最右边的插件功能按钮栏上，如图 10-69 所示。其中有格式、功率调节、频率调节、数据分析、延时、产生、立体声一共七大类效果或供用户选择。

图 10-69　音质效果按钮

在它们的下面还有子项目，再加上每一个子项目还有具体的参数可供调节，通过这些特效命令和选项，能够处理出令人惊叹的音乐特效。

（5）保存

处理完录音文件后，单击保存按钮对文件进行保存即可，WaveCN 目前支持的文件格式包括（全部均支持读/写）：

1）PCM 的 WAV 格式。

2）ACM 压缩的 WAV 格式。

3）MP3 格式。

4）Ogg Vorbis 低比特率下高保真格式。

5）MPC（Muse Pack）高比特率高保真音乐格式。

6）Speex 语音编码格式。

7）FLAC 无损压缩格式。

3．系统功能

WaveCN 作为一个 Windows 程序，还提供了和 Windows 系统极其紧密的接口，可以通过工具菜单下的系统混音器直接打开 Windows 的音量控制程序，如图 10-70 所示。执行选项菜单下的音频设备选择命令，弹出如图 10-71 所示的对话框，就可以通过设备选择命令来选择输入输出设备。另外，还可以通过选项菜单下的软件安装命令功能来创建开始菜单项、桌面图标、工具栏图标及添加"WaveCN"菜单项到右键菜单、设置默认打开甚至卸载 WaveCN 等操作，这样可以更加方便地使用 WaveCN。这是一个很好的设计，而且通过这个对话框可以随时更改设置。

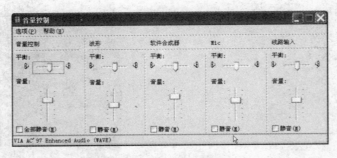

图 10-70　音量控制程序

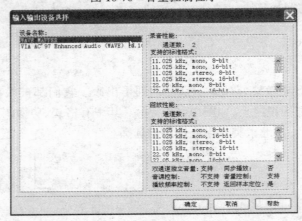

图 10-71　设备选择

WaveCN 所能实现的声音效果没有 GoldWave 强大,但也是一款处理数字音频的常用软件。

10.6　其他相关工具软件介绍

本章主要对常用的波形文件处理软件进行了介绍,主要涉及到声音的录制,声音的编辑和声音效果的添加。

其他的波形文件处理软件还有很多,例如 Cool Edit 是一个在国内具有广泛的用户群和较高人气值的一个录音软件。它的优势在于集合了单轨录音和多轨录音两种模式。Cool Edit 可以将录音保存成 wav、mp3、wma 等多种不同的格式和频率。Adobe Audition 也是一个专业音频编辑和混合环境。Audition 专为在照相室、广播设备和后期制作设备方面工作的音频和视频专业人员设计,可提供先进的音频混合、编辑、控制和效果处理功能。最多混合 128 个声道,可编辑单个音频文件,创建回路并可使用 45 种以上的数字信号处理效果。Audition 是一个完善的多声道录音室,可提供灵活的工作流程并且使用简便。无论是要录制音乐、无线电广播,还是为录像配音,其中的恰到好处的工具均可提供充足动力,以创造可能的最高质量的丰富、细微音响。Audition 是 Cool Edit Pro 2.1 的更新版和增强版。

对于电脑声音的另外一种类型——合成音乐,其编辑软件也是非常多的。例如作曲大师是中国音乐软件的集大成者,它开创性的将中国人常用的简谱、五线谱、简谱鼓谱、简谱节奏谱、五线谱鼓谱进行同时处理,彻底解决了中国人音乐电脑化的难题,它为中国人在简谱和五线谱之间架设了一个桥梁,使中国人拥有了比西方人更好的音乐处理软件。"作曲大师2000"强大的音乐制作、歌曲点播以及超级电子琴功能受到了电脑音乐爱好者和专业音乐制作人的青睐。"作曲大师2000"是由三个子系统组成,它们是性能卓越的五线谱主音乐创作系统、功能最完整的超级电子琴和非常 COOL 的 MIDI 点歌台。其中主音乐创作系统是核心部分,它负责处理复杂的五线谱的编辑、调试和转换;超级电子琴虽然拥有众多的电子琴功能,其实它最重要的作用是转换五线谱,然后可由主系统变成 MIDI 文件,使复杂的音乐创作一气呵成;快乐点歌台则可在繁忙的工作之余打开它,选定一个自己精心制作的曲目,快乐地享受一下。

通过这些软件的讲解与介绍,希望用户能熟练掌握数字音频处理软件的用法,以便提高工作效率,在此也希望读者根据自身需要触类旁通,灵活运用此类软件。

10.7　习题

1. 计算机是怎样将声音进行数字化的?
2. 影响数字音频质量的因素由哪些?
3. 利用 Windows 录音机录制一段自己的讲话,并添加一段背景音乐,并命名为mytalk.wav,保存在 D 盘中。
4. 录制一段对话或打开一首歌曲,利用 GoldWave 制作个性化的手机铃声。
5. 利用 GoldWave 对多个音频文件进行格式的批量转换。
6. 利用 GoldWave 读取并保存 CD 曲目。
7. 利用 WaveCN 录制一段对话,并添加声音效果,命名为 mytalk.mp3,保存在 D 盘上。